高 | 等 | 学 | 校 | 计 | 算 | 机 | 专 | 业 | 系 | 列 | 教 | 材

人工智能案例与实验

徐义春 编著

U0227772

清華大学出版社
北 京

内 容 简 介

人工智能是一门实践性很强的学科，特别适合基于案例的新型教学形式。本书是为了引导学生深入理解人工智能算法原理，提高学生对人工智能应用问题的研究、分析、解决能力而编写的。

本书是以实验案例方式组织的，全书共给出了 21 个人工智能实验案例，覆盖了人工智能课程涉及的主要内容，包括搜索求解、逻辑推理、贝叶斯网络、马尔可夫决策、监督学习、非监督学习、强化学习等各方面，也包含了深度神经网络技术。为了便于教学，每个实验案例对实验的内容、背景和目标进行了明确阐述，对所涉及的理论基础及算法也进行了详细介绍，并提供了相应的 Python 语言代码。

本书可作为高等学校相关专业的人工智能案例课程教材，也可作为从事相关专业的技术人员的参考用书。

图书在版编目（CIP）数据

人工智能案例与实验 / 徐义春编著. —北京：清华大学出版社，2024.5
高等学校计算机专业系列教材
ISBN 978-7-302-66123-8

Ⅰ. ①人… Ⅱ. ①徐… Ⅲ. ①人工智能—实验—高等学校—教材 Ⅳ. ①TP18-33

中国国家版本馆 CIP 数据核字（2024）第 085135 号

责任编辑：龙启铭
封面设计：何凤霞
责任校对：韩天竹
责任印制：曹婉颖

出版发行：清华大学出版社
    网　　　　址：https://www.tup.com.cn, https://www.wqxuetang.com
    地　　　　址：北京清华大学学研大厦 A 座　　　邮　　编：100084
    社　总　机：010-83470000　　　　　　　　邮　　购：010-62786544
    投稿与读者服务：010-62776969, c-service@tup.tsinghua.edu.cn
    质　量　反　馈：010-62772015, zhiliang@tup.tsinghua.edu.cn
    课　件　下　载：https://www.tup.com.cn , 010-83470236
印　装　者：三河市君旺印务有限公司
经　　销：全国新华书店
开　　本：185mm×260mm　　印　　张：12.25　　字　　数：264 千字
版　　次：2024 年 5 月第 1 版　　　　　　　印　　次：2024 年 5 月第 1 次印刷
定　　价：39.00 元

产品编号：099880-01

前言

　　人工智能是目前发展迅速的学科，是新一轮科技革命和产业变革的重要驱动力量，各高校纷纷开设了相关专业及课程。人工智能学科知识体系庞大，以数学知识为基础，也非常重视应用，因此在教学的过程中，算法案例和实验极其重要。

　　本书一共提供了 21 个人工智能实验教学案例，涉及基于搜索求解、逻辑推理、贝叶斯网络、马尔可夫决策、监督学习、非监督学习、强化学习等各方面。所有的案例按教学方案的方式表述，从实验任务、实验过程、相关知识、教学目标、教学指导、考核要求等各方面进行说明。

　　本书实验算法及参考代码用 Python 语言完成，学生在学习过程中还会用到 keras、sklearn、numpy 等常用的软件库。通过对本书的学习，可以培养学生深入理解人工智能算法原理，提高学生对人工智能应用问题的研究、分析及解决能力。

　　本书可作为高等学校相关专业的人工智能案例课程教材。其内容配合了 Stuart J. Russell 和 Peter Norvig 的《人工智能——一种现代方法》这本流行的教材，可作为其配套实验书使用。

　　本书配套教学视频参见 https://space.bilibili.com/21418302。

　　由于人工智能技术发展迅速，以及编著者水平限制，本书难免存在缺点和疏漏，恳请使用者不吝指正，以便修改。感谢三峡大学研究生课程建设项目（SDKC 202112）的资助。

目　录

第1章

启发式搜索：A*算法

1.1 教 学 目 标

（1）让学生能够应用基于搜索的技术来实现问题求解智能体。能够进行问题建模、数据结构设计及 A* 算法设计。

（2）能够对 A* 算法和 Dijkstra 算法进行分析和比较。

（3）能够使用 matplotlib 完成计算及结果展示。

1.2 实验内容与任务

图 1.1 是机器人导航问题的地图。机器人需要从起点 Start 出发，搜索目标点 Goal。图中存在一些凸多边形障碍物，设计算法寻求从 Start 点到 Goal 点的最短路径。

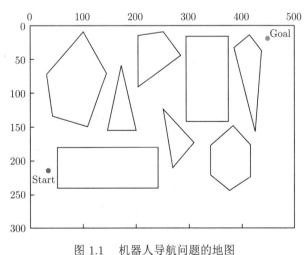

图 1.1 机器人导航问题的地图

1.3 实验过程及要求

（1）实验环境要求：Windows/Linux 操作系统，Python 编译环境，queue、math、numpy、matplotlib 等程序库。

（2）选用一个图像处理软件，获取任务图像中各障碍物顶点、Start 和 Goal 的像素坐标（一共 35 个点，假设这些点的集合为 V）。假设 Start 的坐标为 $(34.1, 215)$，对其他 34 个点的坐标进行标定。

（3）如果连接 V 中两个点的线段不穿过任何障碍物，则在两个顶点之间连接一条边。假设所有的边的集合为 E，建立图模型 $G = (V, E)$，获得邻接矩阵 **Adj**。

（4）根据图模型，实现问题求解模型。

（5）实现 A* 算法, 应用 A* 算法获得 Start 到 Goal 的最短路径，画线标出最短路径（图 1.2）。

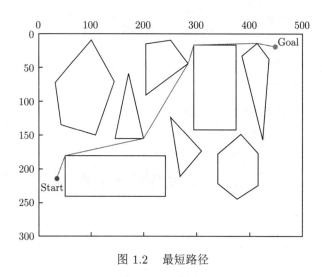

图 1.2　最短路径

（6）更改 Start 的坐标为 $(34.1, 113)$, $(160, 260)$，获得不同的路径图。

（7）实现 Dijkstra 算法，对 A* 算法和 Dijkstra 算法的性能进行比较分析。

（8）撰写实验报告。

1.4　相关知识及背景

在人工智能中，问题求解模型的基本元素包括：智能体的状态集合 S，在每个状态 $s \in S$ 可以选择的行动集合 $\text{Action}(s)$，每个行动 $a \in \text{Action}(s)$ 需要的费用 $\text{cost}(a)$，状态转移情况 $s' = \text{Results}(s, a)$，以及初始状态 Start 和目标状态 Goal。常见的搜索问题要求从 Start 开始，寻找一个行动序列来达到 Goal，而且要求行动序列的总费用最少。

问题求解模型对应着图论中的最短路径问题模型。问题求解模型的求解算法包括无信息指导下的盲搜索算法，如深度优先和宽度优先算法，或者代价一致搜索（如 Dijkstra 算法搜索）等。无信息搜索经常要处理状态空间中较多的状态，其时间复杂性往往比较高。启发式搜索算法（如 A* 算法）能够使用问题定义之外的特定知识，相对于无信息搜索算法具有更高的效率。

本实验应用 A* 算法完成实验任务，并与 Dijkstra 算法进行比较。

1.5 实验教学与指导

假设一条能绕过障碍物的到达路径是一根橡皮筋，在 Start 点和 Goal 点用力拉可以使路径变短，路径最终会被拉成由几段互连的直线段形成的折线，折线的端点就是某些多边形障碍物的顶点，如图 1.2 所示。因此可以建立一个图模型，定义顶点集合 V 为 Start、Goal 及各障碍物的顶点，定义边的集合 E 为 V 中各点之间的直连线段（须去掉穿过障碍物的线段），定义边的权重 G 为边的欧氏距离（以下简称距离），实验任务就是求解图模型 $G = (V, E)$ 的最短路径。

1.5.1 判断连线是否穿过障碍物

连线过程中，要求线不能穿过障碍物。如果连线穿过障碍物，则线段一定与障碍物的某个边相交，因此需要应用计算机图形学中关于判断线段相交的算法。

线段 AB 和 CD 相交，如图 1.3 所示。线段相交要求 AB 的两个端点须位于 CD 的两侧，同时 CD 的两个端点也须位于 AB 的两侧，故须满足 $(\overrightarrow{AC} \times \overrightarrow{AD})(\overrightarrow{BC} \times \overrightarrow{BD}) < 0$ 且 $(\overrightarrow{CA} \times \overrightarrow{CB})(\overrightarrow{DA} \times \overrightarrow{DB}) < 0$，其中向量及向量的叉乘采用解析几何的定义。

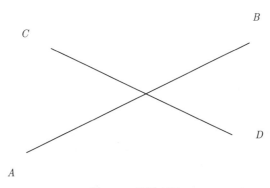

图 1.3 线段交叉

通过以上方法，可实现一个 Tools 类，能够定义点、线段、多边形，能够计算线段的长度，判断线段和线段之间、线段和多边形之间是否相交。

1.5.2 邻接矩阵

实验中建立所有的顶点和边之后，用邻接矩阵来表达图模型。对于一个有 N 个顶点的图，定义一个 $N \times N$ 阶的二维矩阵 $\boldsymbol{A}$，其中第 i 行第 j 列的矩阵元素 $A[i,j]$ 为顶点 i 和 j 构成的边 (i,j) 的权值。在本实验中，$A[i,j]$ 是两个顶点之间的距离。邻接矩阵 $\boldsymbol{A}$ 满足以下条件。

（1）$A[i,i] = 0$，即每个顶点和自身没有边。

（2）如果边 (i,j) 不存在，则 $A[i,j] = \text{MAX}$，其中 MAX 为表示正无穷大的常数。

（3）如果边 (i,j) 存在，则 $A[i,j]$ 为顶点 i 和 j 的距离。

1.5.3　AI 问题求解模型

AI 问题求解模型并不直接使用图论的语言，其对应的语言元素是状态集、行为集及基于行为的状态转移。邻接矩阵模型是图论中常用的模型，本实验中要求将邻接矩阵模型转换为 Agent 的问题求解模型。转换时，图的顶点对应 Agent 所历经的状态，一个顶点的邻边对应着某状态下可以选择的行为，同时该邻点也是采取行为后 Agent 达到的新状态，边的权重则是采取行为的费用。因此对于邻接矩阵元素 $A[i,j]$，第 1 个维度 i 是关注的状态，第 2 个维度 j 则是状态 i 下的行为，$A[i,j]$ 的值则是状态 i 下行为 j 的费用。

```
class Problem():
    def __init__(self,points,Adj,start, goal):
        self.Adj=Adj                    #记录邻接矩阵
        self.Points=points              #记录每个顶点坐标
        self.InitialState=start         #起始状态
        self.GoalState=goal             #目标状态
    def GoalTest(self,state):           #测试是否到达目标
        return state==self.GoalState
    def Action(self,state):            #获取某状态下的行为集合（邻点）
        n=len(self.Adj)
        res=[i for i in range(n)
              if Adj[i][state]<MAX and Adj[i][state]>0]
        return res
    def Result(self,state, action):    #在某状态下某行为后的新状态
        return action                  #邻点既表示行为，也表示新状态
    def StepCost(self,state,action):   #在某状态下某行为需要的费用
        return self.Adj[state][action]
```

1.5.4　A* 算法

A* 算法是一种图搜索技术。图搜索的过程是一个状态的遍历过程，每到达一个状态，会根据状态生成结点。结点和状态不是同一个概念，通过不同的路径到达同一个状态，生成的是不同的结点。从起始状态开始，生成一个结点，并将该结点加入一个称为前沿（frontier）的结点集合，后续是一个循环访问前沿的过程。每次从前沿中取出一个结点进行访问 (该结点称为被扩展结点)，并生成该点的邻居结点加入前沿等待扩展。搜索过程在扩展到目标结点或前沿为空时结束。

A* 算法对一个结点定义启发式信息 $f(node)$，作为从前沿中优先选择结点进行扩展的依据。算法中 $f(node) = g(node) + h(node)$，其中：$g$ 为到达 node 所在状态下 Agent 消耗的总费用；h 是 node 状态到目标状态的预测费用。A* 算法优先选择 f 值更小的结点进行扩展。本实验中 g 定义为从 Start 点到达 node 的路径距离，h 定义为从 node 到达 Goal 点的直线距离。

A* 算法能保证到达一个被扩展结点时的路径是最优路径，因此迭代过程中并不需要将所有邻居结点加入前沿，若一个结点的状态以前被扩展过则可以忽略，从而可以减少前沿处理的空间和时间。这可以通过定义一个已扩展状态表 explored 来实现。

除首结点是通过初始状态生成，其他结点都是扩展时作为邻居生成的，这时称这些邻居结点为子结点，被扩展结点为父结点。结点的算法实现如下：

```python
class Node():
    def __init__(self,problem, parent=None,action=None):
        #定义由父结点 parent 通过行为 action 生成的子结点
        if parent == None:                      #起始结点
            self.State=problem.InitialState
            self.Parent=None
            self.Action=None
            self.PathCost=0
        else:
            self.State=problem.Result(parent.State,action)
            self.Parent=parent      #记录此结点的父结点
            self.Action=action      #记录生成此结点的行为
            self.PathCost=parent.PathCost+problem.StepCost(\
                parent.State,action) #到此结点路径总费用

        self.g=self.PathCost        #g 信息
        self.h=Tools.distance(      #h 信息
                problem.Points[self.State],
                problem.Points[problem.GoalState])
        self.f=self.g+self.h        #f 信息
    def __lt__(self, other):
        return other.f > self.f  #符号重载，用于优先队列对结点排序
```

从 node 的定义可知，根据 node.parent 可以回溯出整个解决方案所到达的 State 点和相应的 action 序列，因此可设计一个函数 Solution(node) 获得这些序列。

A* 算法的关键在于使用优先队列来存储待探索的前沿结点，f 值更小的结点将优先被探索。具体算法实现如下：

```
1  def Astar(problem):
2      node=Node(problem)           #起始结点
3      if problem.GoalTest(node.State):
4          return Solution(node)
5      frontier=PriorityQueue()  #前沿是 f 值最小优先的队列
6      frontier.put(node)           #起始结点进入前沿
7      explored=set()               #已扩展表
8      while frontier.qsize()>0:
9          node=frontier.get()   #取出被扩展结点
10         if problem.GoalTest(node.State):
11             print(node.PathCost,len(explored))
12             return Solution(node)
13         explored.add(node.State)              #进入扩展表
14         for action in problem.Action(node.State):#遍历行为
15             child=Node(problem,node,action)     #生成子结点
16             if child.State not in explored:
17                 frontier.put(child)            #子结点进入前沿
```

1.5.5　A* 算法的最优性

本实验中 A* 算法是最优的。首先，沿着任何一条路径，$f(n)$ 是非递减的。这是因为假设 n' 是 n 的后继结点，则 $f(n') = g(n')+h(n') = g(n)+\text{cost}(n, n')+h(n')$，二维欧氏空间中，必然满足三角形不等式 $h(n) \leqslant \text{cost}(n, n')+h(n')$，故 $f(n') \geqslant g(n)+h(n) = f(n)$。其次，当扩展到结点 n 时，已经找到了到达 n 的最短路径。这是因为如果还有更短的路径，则在该更短路径上存在结点 m 还在前沿中，而根据非递减性有 $f(m) < f(n)$，故此时 m 点应该被优先扩展而不是 n。因此算法第一次扩展出目标结点时，即得到最优路径。

1.5.6　Dijkstra 算法

为了与 A* 算法进行对比，本实验还须给出 Dijkstra 算法的实现。相对于 A* 算法，Dijkstra 算法扩展结点的启发函数定义为 $f(\text{node}) = g(\text{node})$，其中 $g(\text{node})$ 为从 Start 点到达 node 的路径距离。由于其启发函数不含对到达目标的预测，因此搜索时往往比 A* 算法要慢。

1.6　实验报告要求

实验报告须包含实验任务、实验平台、实验原理、实验步骤、实验数据记录、实验结果分析和实验结论等部分，特别是以下重点内容。

（1）实现 A* 算法求解问题，绘制最短路径图形。

（2）实现 Dijkstra 算法，并记录 A* 算法和 Dijkstra 算法找到的最短路径及扩展的结点数量。

（3）对 A* 算法和 Dijkstra 算法性能进行比较分析。

1.7　考核要求与方法

实验总分 100 分，通过实验报告进行考核，标准有如下 3 点。

（1）报告的规范性 10 分。报告中的术语、格式、图表、数据、公式、标注及参考文献是否符合规范要求。

（2）报告的严谨性 40 分。结构是否严谨，论述的层次是否清晰，逻辑是否合理，语言是否准确。

（3）实验的充分性 50 分。实验是否包含"实验报告要求"部分的 3 个重点内容，数据是否合理，是否有创新性成果或独立见解。

1.8　案例特色或创新

本实验的特色在于：建立 Agent 问题求解模型并实现了 A* 算法；展示了 A* 算法和 Dijkstra 算法的不同特点；培养学生的建模能力和数据分析能力，使学生熟悉绘图工具 Matplotlib 的应用，提高研究和工作效率。

第 2 章

局部搜索：八皇后问题

2.1 教 学 目 标

（1）能够设计基于局部搜索技术的程序框架。

（2）能够设计贪婪爬山法、侧向移动爬山法、随机爬山法、模拟退火方法，并能应用随机重启提高性能。

（3）能够进行实验数据分析，评价各种局部搜索方法的性能。

2.2 实验内容与任务

如图 2.1 所示，要求在国际象棋棋盘中放置 8 个皇后，使得任何一个皇后都不能攻击其他任意一个皇后。国际象棋的规则为一个皇后可以攻击同一行、同一列、同一对角线上的棋子。图 2.1 中的布置并不满足要求，因为第 4 列和第 7 列的皇后在同一对角线上。

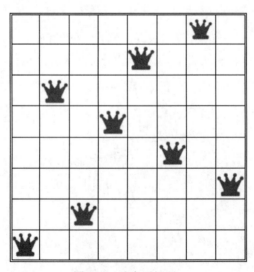

图 2.1 八皇后问题

2.3 实验过程及要求

（1）实验环境要求：Windows/Linux 操作系统，Python 编译环境，random 等程序库。

（2）分别实现贪婪爬山法、侧向移动爬山法、随机爬山法。

（3）实现模拟退火方法。

（4）对八皇后问题随机产生 1000 个起始点，对前述方法分别统计成功求解的次数，成功求解时的平均迭代步数。

（5）撰写实验报告。

相关知识及背景

解，而并不关注到达目标解的路径。例如，本实验的八皇后序。又如，电路设计等各种设计任务，也是关注最后的设的。局部搜索算法是解决这类问题的方案，主要步骤是从状态。由于不需要保存获得目标解的路径，这类算法一般它常常能在较大的状态空间中找到合理的目标解。

适合优化问题，求解一个目标函数的最小（大）值。部最优解。

实验教学与指导

个皇后，因此将问题状态定义为一个布局，用八元组为第 i 列的皇后所在的行数。图 2.1 的布局表示为每个元素都不同，则布局已经满足了皇后不出现在 i 和 j 满足 $|s_i - s_j| \neq |i - j|$，则布局满足皇后不在

后继状态，以优化目标函数值的过程。实验中的目标攻击数降为 0 时，则寻找到一个合理布局。应用函第 j 列的皇后是否存在攻击行为，即

$$
= \begin{cases} 1, & s_i = s_j \\ 1, & |s_i - s_j| = |i - j| \\ 0, & \text{其他} \end{cases} \tag{2.1}
$$

利用函数 $A(S,i,j)$ 定义八皇后问题的目标函数 Value(S)，

$$\text{Value}(S)=\sum_{i=1}^{7}\sum_{j=i+1}^{8}A(S,i,j) \tag{2.2}$$

实验应用局部搜索算法寻找布局 S，使目标函数 Value(S) 到达最小值 0。

2.5.2 邻居的定义

实验中，邻居由当前布局中某一个皇后的位置发生 1 次改变得到，但是改变只限于改变行标，也就是只能在同列中移动。因此一个皇后可以改变 7 次位置，一个布局具有 56 个邻居。在图 2.2 中，原布局共有 17 个冲突。当一个皇后的位置改变时，将所得的邻居的冲突数填入相应的位置。例如，第 2 列的皇后移动到第 1 行或第 3 行，将获得冲突为 12 的邻居，它们是当前最小冲突邻居。当然把第 7 列的皇后移到该列第 2 行或第 8 行，也可以得到一个最小冲突数的邻居。

18	12	14	13	13	12	14	14
14	16	13	15	12	14	12	16
14	12	18	13	15	12	14	14
15	14	14	♛	13	16	13	16
♛	14	17	15	♛	14	16	16
17	♛	16	18	15	♛	15	♛
18	14	♛	15	15	14	♛	16
14	14	13	17	12	14	12	18

图 2.2 一个布局所有邻居的冲突数

2.5.3 爬山法

在解决优化问题时，爬山法只是一个简单的循环。以求最小值问题为例，爬山法是一个不断向下爬的过程：从邻居中选择一个后继状态使得目标值减小，在到达一个谷底时停止。因为问题不关注最优状态如何得到，算法只需更新当前状态和目标值，不需要维护搜索路径。

```
def GreedyHillClimbing(problem):
    current=Node(problem.InitialState)
    while True:
```

```
4        sucessor=Node(current.LowestSucessor())
5        if sucessor.Value>=current.Value:      #局部最优
6            return current.State
7        else:                                   #下降的后继
8            current=sucessor
9    return current
```

其中问题模型比较简单，只提供初始状态。

```
1  class Problem():
2      def __init__(self,start):
3          self.InitialState=start
```

结点定义中，提供了几种选取后继的方法。例如，选取目标值最小的邻居，或随机选取一个目标值比当前状态小的邻居等。另外还提供禁忌机制，有些邻居不允许选取。这些方法可以用于爬山法及其变形中。

```
1  class Node():
2      def __init__(self,state,Taboo=[]):
3          self.State=state
4          self.Value=Value(state)
5          self.Taboo=Taboo                    #记录不能访问的邻居
6      def AllNeighbors(self):                 #所有可访问邻居
7          Nbs=[]
8          state=self.State
9          for i in range(len(state)):
10             for j in range(1,len(state)):
11                 s=copy.deepcopy( state )
12                 s[i]=(state[i]+j)%(len(state))
13                 if s not in self.Taboo:
14                     Nbs.append(s)
15         return Nbs
16     def LowestSucessor(self):               #目标值最小后继
17         Nbs=self.AllNeighbors()
18         val=[Value(s) for s in Nbs]
19         return Nbs[np.argmin(val)]
20
21     def RandLowSucessor(self):              #目标值比当前状态小的后继
22         Nbs=self.AllNeighbors()
23         low=[s for s in Nbs if Value(s)< Value(self.State)]
24         return self.State if len(low)==0 \
```

```
25              else random.choice(low)
26      def RandSucessor(self):              #随机后继
27          Nbs=self.AllNeighbors()
28          return random.choice(Nbs)
```

2.5.4 爬山法的变形

2.5.3 节的爬山法迭代过程中，每次都选择目标值最小的邻居作为后继，故称为**贪婪爬山法**。贪婪爬山法能到达谷底，但只是到达一个局部最优状态，并不代表寻找到一个全局范围内的最小值。如图 2.3（a）所示，贪婪爬山法到达黑点时会停止搜索，但实际上曲线最左端还有更小的值。

（a）   （b）

图 2.3　爬山法示意图

当一个状态的众多邻居跟该状态的目标值相等时会形成一个高原（如图 2.3（b）所示的黑色区域）。贪婪爬山法中，一旦进入高原区会立即停止搜索。**侧向移动爬山法**（translation hill climbing）则允许在高原上继续搜索多次。多次侧向移动后，目标值有可能离开高原区继续下降。在侧向移动过程的实现中，可应用禁忌机制记录已访问的高原状态，以避免后继出现重复。

```
1  def TranslationHillClimbing(problem, lim):
2      # lim 是允许侧向移动的次数
3      count=0
4      Taboo=[]
5      current=Node(problem.InitialState)
6      while True:
7          sucessor=Node(current.LowestSucessor(),Taboo)
8          if sucessor.Value>current.Value:           #局部最优
9              return current.State
10         elif sucessor.Value==current.Value:    #高原区的后继
11             if count>lim:
12                 return current.State
13             else:
14                 count +=1
```

```
15              Taboo.append(current.State)
16              current=sucessor
17          else:                                    #下降的后继
18              current=sucessor
19              Taboo=[]
20              count=0
```

如果并不选取目标值最小的邻居，而是在比当前目标值更小的邻居中随机选取一个作为后继，则称其为**随机爬山法**。随机爬山法有时候效果会更好。

```
1  def RandHillClimbing(problem):
2      current=Node(problem.InitialState)
3      while True:
4          sucessor=Node(current.RandLowSucessor())
5          if sucessor.Value>=current.Value:
6              return current.State
7          current=sucessor
```

爬山法能到达的局部最优点与起点 InitialState 有关系，它一般在起点所在的山谷中搜索最低点。当爬山法到达一个局部最优点时，重启算法随机换一个起始点重新搜索，有可能得到更好的解。随机重启多次的爬山法被称为**随机重启爬山法**。

2.5.5　模拟退火方法

模拟退火方法可以克服爬山法停在局部最优状态，成为一种可能达到全局最优的局部搜索方法。相对爬山法，其主要不同点在于不再限制目标值更小的后继，而是接受概率 P 允许后继的目标值相等或更大。例如，在图 2.3（a）中，到达黑点后，如果以一定概率往上，有可能越过左边的山峰，从而取得全局最优。

在模拟退火方法中，接受概率 P 与目标值增量呈指数级变小，而且 P 会随着温度减小而减小。

```
1  def SA(problem, schedule):
2      MAX=1000
3      current=Node(problem.InitialState)
4      for i in range(MAX):
5          T=schedule[i]
6          if current.Value<1 or T<1:
7              return current.State
8          sucessor= Node(current.RandSucessor())
9
10         dE=sucessor.Value-current.Value
```

```
11        P=0.1*math.exp(-dE/T)
12        if dE<0 or random.random()<P:
13            current=sucessor
14    return current.State
```

schedule 是一个温度表格，表中的温度逐渐下降，因此在 $dE > 0$ 时，P 会越来越小。

2.6　实验报告要求

实验报告须包含实验任务、实验平台、实验原理、实验步骤、实验数据记录、实验结果分析和实验结论等部分，特别是以下重点内容。

（1）实现贪婪爬山法局部搜索、随机爬山法局部搜索、侧向移动爬山法局部搜索、模拟退火方法。

（2）统计上述算法在八皇后问题上成功求解的次数，成功求解时的平均迭代步数，进行比较分析。

（3）绘制并分析贪婪爬山法局部搜索、随机爬山法局部搜索、侧向移动爬山法局部搜索、模拟退火方法的收敛曲线。

2.7　考核要求与方法

实验总分 100 分，通过实验报告进行考核，标准有如下 3 点。

（1）报告的规范性 10 分。报告中的术语、格式、图表、数据、公式、标注及参考文献是否符合规范要求。

（2）报告的严谨性 40 分。结构是否严谨，论述的层次是否清晰，逻辑是否合理，语言是否准确。

（3）实验的充分性 50 分。实验是否包含"实验报告要求"部分的 3 个重点内容，数据是否合理，是否有创新性成果或独立见解。

2.8　案例特色或创新

本实验的特色在于：针对八皇后问题，要求学生实现贪婪爬山法局部搜索、随机爬山法局部搜索、侧向移动爬山法局部搜索、模拟退火方法等多种局部搜索算法并进行对比研究，培养学生应用局部搜索算法解优化问题的能力，同时提高学生针对复杂工程问题的建模能力和数据分析能力。

第3章

对抗与博弈：井字棋

3.1　教　学　目　标

（1）能够设计实现对抗性游戏的程序框架。

（2）能够分析研究 Minimax 决策的优缺点，并提出改进思路。

（3）能够理解并应用对抗搜索的技术。

3.2　实验内容与任务

TicTacToe 游戏，也叫"井字棋"，是一款简单的双人游戏。在一个 3×3 的 9 个方格构成的棋盘中，两个玩家轮流选一个格子布放棋子，如果一方的棋子占据了水平、竖直或对角线上的 3 个格子，则取得胜利。请设计一个游戏的软件框架，包含一个应用 Minimax 决策的 AI 玩家，能跟人类玩家对弈。图 3.1 是执棋子 × 的玩家游戏先行且下到第 5 步时的图，下面轮到执棋子 ○ 的玩家下棋。

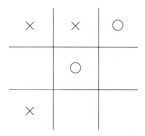

图 3.1　井字棋游戏（轮到玩家 ○ 下棋）

3.3　实验过程及要求

（1）实验环境要求：Windows/Linux 操作系统，Python 编译环境，random 等程序库。

（2）依次实现 Game、TicTacToe、Minimax_player、query_player 等各模块。

（3）进行人机对战、机机对战、人人对战的测试。

（4）将 TicTacToe 棋盘扩大，观察并讨论 Minimax_player 的表现。

3.4　相关知识及背景

从 20 世纪 50 年代人工智能学科初创，到 21 世纪深度学习技术的广泛应用，博弈游戏一直是人工智能研究的重要领域，五子棋、国际象棋、围棋领域的人工智能分别战胜了人类。其中 Minimax 决策树是博弈的基本手段，应用在各种人工智能博弈中。由于博弈游戏的规模决定了决策树的大小，也决定了应用 Minimax 策略的计算时间复杂性，因此完全应用 Minimax 策略的游戏只能适应小型游戏。井字棋游戏就是一个小型游戏，其决策树的高度只有 9，应用 Minimax 策略可以处理。本实验给出了一个博弈游戏的框架，并应用 Minimax 决策树实现人工智能玩家参与井字棋游戏。

3.5　实验教学与指导

本次实验有游戏模型、棋局状态、玩家 3 个主要对象，玩家根据模型知识和当前棋局，提供策略给出下一步行棋。

3.5.1　Minimax 决策

游戏的决策策略构成一棵决策树：不妨假设进行井字棋游戏的两个玩家名字是 Max 和 Min，当前局面下轮到 Max 行棋。根结点是玩家 Max 面对的棋局状态，称为 Max 结点。根据 Max 的行动选择，决策树生成多个子结点，构成了玩家 Min 面对的状态，称为 Min 结点。再下一层经 Min 选择行动后又是 Max 结点。假设有一个对棋局 s 的评分函数 Minimax(s)，值越大对 Max 越有利，则 Max 一定会选择一个行动，获得所有子结点中的最大的 Minimax 值，而 Min 则会选择一个行动，为所有子结点中具有最小的 Minimax 值，如图 3.2 所示。

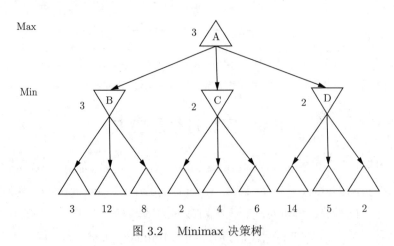

图 3.2　Minimax 决策树

根据上述关于 Minimax 值的描述，一个局面的 Minimax 可以由其子结点的 Mini-
max 得到，因此这是一个递归定义，还需要对叶子结点也就是终止局面的 Minimax 值
进行定义。下面介绍一个比 Minimax 更直接但粗糙一点的局面评价函数，也就是局面
的效用函数 Utility(s)，即

$$\text{Utility}(s) = \begin{cases} 1, & \text{如果 } s \text{ 是 Max 胜的终局状态} \\ -1, & \text{如果 } s \text{ 是 Max 负的终局状态} \\ 0, & \text{如果 } s \text{ 是非终局状态，或者是平局状态} \end{cases} \quad (3.1)$$

规定终局状态的 Minimax 值等于其效用值，因此在井字棋游戏中，Minimax 函数
可以定义为

$$\text{Minimax}(s) = \begin{cases} \text{Utility}(s), & \text{终局} \\ \max_{a \in \text{Action}(s)} \text{Minimax}(\text{Results}(s, a)), & \text{Max 结点} \\ \min_{a \in \text{Action}(s)} \text{Minimax}(\text{Results}(s, a)), & \text{Min 结点} \end{cases} \quad (3.2)$$

须强调的是本实验中，使用 Minimax 决策的玩家每次轮到自己行棋时都会新建一
棵决策树进行计算，把自己当作 Max，把对方当作 Min。

3.5.2　游戏模型

首先用一个四元组定义游戏状态：GameState = namedtuple('GameState', 'to_
move, value, board, moves')。在井子棋中，to_move 是当前行棋的玩家。

为记录简便，此处直接用所执棋子代表两个玩家，用字符"X"或者"O"表示。
utility 是对当前棋局对先行者的效用，如公式 (3.1) 定义。board 是当前的棋盘，记录
每个位置 (x, y) 的棋子字符"X"或者"O"，用 Python 的词典类型表示。moves 是当
前棋局下可行位置 (x, y) 的列表。

游戏模型和 Problem 模型类似，需要定义 actions, result 等方法。

```
class Game:
    def actions(self, state):          #某状态下的行为集合
        raise NotImplementedError
    def result(self, state, move):     #采取某行为后的新状态
        raise NotImplementedError
    def terminal_test(self, state):    #判定是否终止状态
        return NotImplementedError
    def utility(self, state, player):  #此函数返回针对 player 的效用
        if player == self.initial.to_move:
            return state.utility
```

```
11        else:
12            return -state.utility
13    def to_move(self, state):        #获取当前状态下哪个玩家行棋
14        return state.to_move
15    def display(self, state):        #显示当前状态下的棋盘
16        print(state)
17    def play_game(self, *players):   #players 是玩家列表
18                                     #每个 player 函数确定自己的行棋
19        state = self.initial
20        while True:
21            for player in players:
22                move = player(self, state)  #player 决定一个行棋
23                state = self.result(state, move)
24                if self.terminal_test(state):
25                    self.display(state)
26                    return self.utility(
27                        state,self.to_move(self.initial))
```

3.5.3　玩家

在 Game 定义的游戏规则下，由玩家提供某状态下的走法。由于其功能单一，因此玩家写成一个函数。minimax_player 是使用 Minimax 策略的玩家。

```
1  def minimax_player(game,state):
2      player = game.to_move(state)
3
4      def max_value(state): #Max 结点计算 Minimax
5          if game.terminal_test(state):
6              return game.utility(state, player)
7          v = -np.inf
8          for a in game.actions(state):
9              v = max(v, min_value(game.result(state, a)))
10         return v
11
12     def min_value(state):  #Min 结点计算 Minimax
13         if game.terminal_test(state):
14             return game.utility(state, player)
15         v = np.inf
16         for a in game.actions(state):
17             v = min(v, max_value(game.result(state, a)))
```

```
18        return v
19
20     return max(game.actions(state),
21                key=lambda a:min_value(game.result(state,a)))
22   #玩家将自己当作 Max，构建 Minimax 决策树，选择最大 Minimax 行棋
```

再提供一个玩家，通过界面询问人类的行棋，从而可以实现人机对战。

```
1  def query_player(game, state):
2     print("current state:")
3     game.display(state)
4     print("available moves: {}".format(game.actions(state)))
5     print("")
6     move = None
7     if game.actions(state):
8         move_string = input('Your move? ')
9         try:
10            move = eval(move_string)
11        except NameError:
12            move = move_string
13    else:
14        print('no legal moves: passing turn to next player')
15    return move
```

3.5.4 井字棋游戏的实现

井字棋游戏继承 Game，实现相应的方法如下：

```
1  class TicTacToe(Game):
2     def __init__(self, h=3, v=3, k=3):
3         self.h = h  #棋盘行数
4         self.v = v  #棋盘列数
5         self.k = k  #k 个棋子连线算胜利
6         moves = [(x, y) for x in range(1, h + 1)
7                         for y in range(1, v + 1)]
8         self.initial = GameState(to_move='X',
9                                  utility=0,
10                                 board={},
11                                 moves=moves)
12
13    def actions(self, state):
14        return state.moves
```

```
15
16   def result(self, state, move):
17       if move not in state.moves:
18           return state    #非法行棋时，将放弃行棋机会
19       board = state.board.copy()
20       board[move] = state.to_move
21       moves = list(state.moves)
22       moves.remove(move)
23       return GameState(
24           to_move=('O' if state.to_move == 'X' else 'X'),
25           utility=self.compute_utility(
26               board, move, state.to_move),
27           board=board, moves=moves)
28
29   def terminal_test(self, state):
30       return state.utility != 0 or len(state.moves) == 0
31
32   def display(self, state):   #打印棋盘 state.board
33       board = state.board
34       for x in range(1, self.h + 1):
35           for y in range(1, self.v + 1):
36               print(board.get((x, y), '.'), end=' ')
37           print()
38
39   def compute_utility(self, board, move, player):
40   #判断 0°、90°、±45° 四个方向是否 k 子连线，确定棋局效用值
41       if (self.k_in_row(board, move, player, (0, 1)) or
42               self.k_in_row(board,move,player,(1, 0)) or
43               self.k_in_row(board,move,player,(1,-1)) or
44               self.k_in_row(board, move, player, (1, 1))):
45           return +1 if player==self.to_move(self.initial) \
46                   else -1
47       else:
48           return 0
49
50   def k_in_row(self, board, move, player, delta_x_y):
51   #从当前行棋位置开始，在方向 delta_x_y 上判断是否 k 子连线
52       (delta_x, delta_y) = delta_x_y
53       x, y = move
```

```
54      n = 0
55      while board.get((x, y)) == player:
56          n + = 1
57          x, y = x + delta_x, y + delta_y
58      x, y = move
59      while board.get((x, y)) == player:
60          n + = 1
61          x, y = x - delta_x, y - delta_y
62      n - = 1
63      return n >= self.k
```

3.6　实验报告要求

实验报告须包含实验任务、实验平台、实验原理、实验步骤、实验数据记录、实验结果分析和实验结论等部分，特别是以下重点内容。

（1）实现游戏模型和 Minimax 策略。

（2）完成人机对战系统测试。

（3）试验 Minimax 策略在更大规模问题上的应用，分析其局限性。

3.7　考核要求与方法

实验总分 100 分，通过实验报告进行考核，标准有如下 3 点。

（1）报告的规范性 10 分。报告中的术语、格式、图表、数据、公式、标注及参考文献是否符合规范要求。

（2）报告的严谨性 40 分。结构是否严谨，论述的层次是否清晰，逻辑是否合理，语言是否准确。

（3）实验的充分性 50 分。实验是否包含"实验报告要求"部分的 3 个重点内容，数据是否合理，是否有创新性成果或独立见解。

3.8　案例特色或创新

本实验的特色在于：培养学生应用对抗搜索方法解决博弈问题的能力，提高博弈系统的设计和实现能力，加强学生对人工智能算法时间复杂性的认识，同时提高学生针对复杂工程问题的建模能力和研究分析能力。

第4章

命题逻辑推理：怪兽世界

4.1 教 学 目 标

（1）能够用规则表达知识，能够设计逻辑推理的架构。

（2）能够设计基于命题逻辑进行推理的智能体。

（3）掌握专家系统设计原理。

4.2 实验内容与任务

图 4.1 是由 4×4 的房间网格构成的场地，某个房间藏着一个怪兽 Wumpus，它会吃掉进入房间的人。另外有一些房间里面有无底洞（pit），进入房间就掉入无底洞。怪兽的邻居房间能闻到它的臭气（stench），无底洞的邻居房间能感觉到微风（breeze）。每个房间用一个坐标 (x, y) 标记，左下角的房间标记为 $(1, 1)$。现已知房间 $(1, 1)$ 没有无底洞，也没有感觉微风，并且房间 $(2, 1)$ 能感觉微风。编写一个逻辑推理程序，对某房间的情况进行推断。

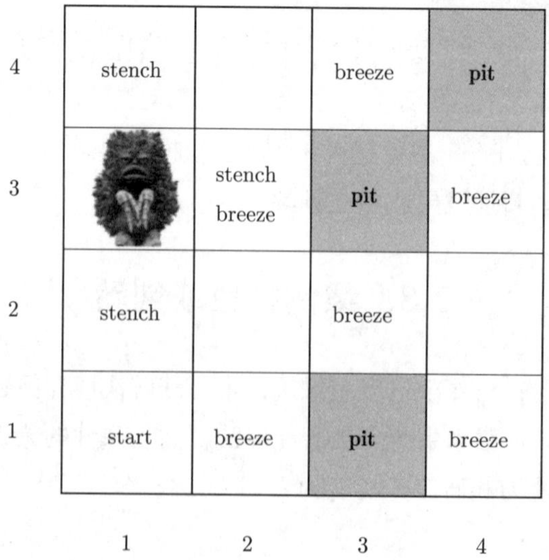

图 4.1 Wumpus 世界

4.3　实验过程及要求

（1）实验环境要求：Windows/Linux 操作系统，Python 编译环境。

（2）实现逻辑表达式 Expr 的内部表示，命题逻辑真值判定器 pl_true，以及知识库 KB 等模块，并调试。

（3）构造一个空的知识库 kb=KB()，然后给 kb 添加五条规则，执行 kb.tell('P11')，kb.tell('~B11'))，kb.tell('B21')，kb.tell('B11<=>(P12|P21)')，以及 kb.tell('B21<=> (P11|P22|P31)')。

（4）推断 kb.ask('P21')，kb.ask('P22')，kb.ask('~P21')，kb.ask('~P22') 的真值。

（5）分析推断的结果。

4.4　相关知识及背景

人类一直强调人的智能表现在能依据知识进行推理，而不是简单的神经反射，因此人工智能学科一直重视基于逻辑推理的智能系统的研究和实现，这一人工智能流派被称为符号主义学派。在 20 世纪末期，基于逻辑推理的各种智能决策系统曾经得到广泛应用。另外有一个学派称为联接主义学派，以神经网络技术为代表，从生物的角度来模拟智能系统。虽然目前基于神经网络的智能系统取得了辉煌的成果，但是也有一个弱点难以克服，就是推理结果难以被解释，影响了人们的接受。

本次实验设计一个基于命题逻辑进行推理的智能体。命题逻辑是最简单的逻辑，可以对命题或语句的真值进行判定。这种判定结果可以作为智能体选择行为的依据。

4.5　实验教学与指导

4.5.1　命题逻辑

命题逻辑是较简单的逻辑体系。一个具有真假值的单个命题词称为原子语句。True 和 False 是两个常值的命题词。本案例中，命题词用大写字符开头的字符串变量表示。例如，用命题词 B11 表示在房间 (1,1) 感觉到微风，用 S12 表示房间 (1,2) 能闻到臭气，用 P13 表示房间 (1,3) 有无底洞，用 W11 表示房间 (1,1) 有怪兽。

将原子语句用逻辑连词连接起来，构成复合语句。可以用连接词继续连接复合语句，构成嵌套语句。例如，语句 B12&S23，表示房间 (1,2) 中感觉到微风，并且房间 (2,3) 能闻到臭气。有下面这些逻辑连词。

- ~ 表示逻辑非。例如，用 ~W11 表示房间 (1,1) 没有怪兽。
- & 表示逻辑与。例如，W11&P23 称为合取式。
- | 表示逻辑或。例如，W11|P23 称为析取式。
- ==> 表示逻辑蕴含。例如，P11==>B12 表示如果房间 (1,1) 有无底洞，则房间 (1,2) 有微风。==> 之前的部分为前提，之后的部分为结论。
- <=> 表示当且仅当。

给一条逻辑语句 α 的每个命题词赋值，称为该语句的一个模型 m。所有使语句 α 为真的模型集合记为 $M(\alpha)$。对于语句 α 和 β，如果满足 $M(\alpha) \subseteq M(\beta)$，则称 α 蕴含了 β。

如果将一条逻辑语句称为规则，则若干条逻辑语句构成知识库 KB。如果 $M(KB) \subseteq M(\alpha)$，则说明可以根据知识库推导出语句 α。本案例即根据此原理采用枚举的方法，验证所有使 KB 为真的模型都能使 α 为真，来完成逻辑推理。

4.5.2   命题逻辑表达式

命题逻辑语句用字符串的方式输入计算机，经过词法分析后，形成命题逻辑表达式（后简称表达式）。表达式由操作符和操作参数两部分构成，操作参数可以是 0 个或多个。原子语句是一个以自身为操作符且无参数的表达式。而嵌套的表达式，则将逻辑连词 $\sim, \&, |, ==>, <=>$ 等作为操作符，将表达式作为操作参数。

```python
from collections import defaultdict, Counter
class Expr:
    def __init__(self, op, *args):   #表达式包含操作符和若干参数
        self.op = str(op)
        self.args = args

    def __invert__(self):                    #重载逻辑非
        return Expr('~', self)

    def __and__(self, rhs):                  #重载逻辑与
        return Expr('&', self, rhs)

    def __or__(self, rhs):                   #重载逻辑或
        if isinstance(rhs, Expr):
            return Expr('|', self, rhs)
        else:    #处理 ==> 类符号，A==>B 已经转换为 A| ==> |B
            return PartialExpr(rhs, self)

    def __e q__(self, other):
```

```
20          return isinstance(other,Expr) and self.op==other.op\
21                  and self.args == other.args
22
23      def __hash__(self):
24          return hash(self.op) ^ hash(self.args)
25
26      def __repr__(self):
27          op = self.op
28          args = [str(arg) for arg in self.args]
29          if op.isidentifier():   # f(x) or f(x, y)
30              return '{}({})'.format(op, ', '.join(args)) \
31                  if args else op
32          elif len(args) == 1:  # −x or −(x + 1)
33              return op + args[0]
34          else:  # (x − y)
35              opp = (' ' + op + ' ')
36              return '(' + opp.join(args) + ')'
```

表达式 Expr 通过操作符重载定义嵌套表达式。其中 ~,&,| 操作符的重载处理比较直接，而 ==> 类的符号处理采用了间接方式。一个字符串 P==>Q，先替换成 P| ==> |Q，后续再用两个 | 符号的重载来实现 ==> 表达式。遇到第一个 | 时，先构造一个部分表达式 PartialExpr('==>', P)。遇到第二个 | 时，根据 PartialExpr 对 | 的重载来构建表达式 Expr('==>', P, Q)。PartialExpr 的定义为：

```
1 class PartialExpr:
2     def __init__(self, op, lhs):
3         self.op, self.lhs = op, lhs
4
5     def __or__(self, rhs):
6         return Expr(self.op, self.lhs, rhs)
7
8     def __repr__(self):
9         return "PartialExpr('{}', {})".format(\
10            self.op, self.lhs)
```

应用 Expr 和 PartialExpr，从一个字符串直接生成表达式的函数 expr(x) 的流程是：先替换 ==> 为 | ==> |，然后使用 eval 函数。

```
1 def expr(x):
2     if isinstance(x, str):
3         for op in ['==>', '<=>']:
```

```
4            x = x.replace(op, '|' + repr(op) + '|')
5        return eval(x, defaultkeydict(Symbol))
6        #eval 用符号分割子串，子串作为原子命题
7    else:
8        return x
9
10 def Symbol(name):        #处理原子命题
11     return Expr(name)
12
13 class defaultkeydict(collections.defaultdict):
14     # 类似 defaultdict，但是使用 default_factory 来对 key 进行处理
15     def __missing__(self, key):
16         self[key] = result = self.default_factory(key)
17         return result
```

4.5.3 逻辑表达式真值判断

如 4.5.1 节定义，通过模型对每个命题词的赋值来判断逻辑表达式语句的真假。一个逻辑语句通常是嵌套的，即由各种连接符连接子句构成。因此可以通过递归的方式，依据真值表（表 4.1）来判断语句真假。

表 4.1   真值表

P	Q	$\sim$P	P&Q	P|Q	P==>Q	P<=>Q
True	True	False	True	True	True	True
True	False	False	False	True	False	False
False	True	True	False	True	True	False
False	False	True	False	False	True	True

根据真值表，还可以得到

$$(P ==> Q) \equiv (\sim P|Q) \tag{4.1}$$

$$(P <=> Q) \equiv (\sim P\& \sim Q)|(Q\&P) \tag{4.2}$$

```
1 def is_prop_symbol(s):              #命题词是首字母大写
2     return isinstance(s, str) and s[0].isupper()
3
4 def pl_true(exp, model={}):
5 #exp 是一个表达式，model 是一个以命题词为 key 的词典
6     if exp in (True, False):
7         return exp
```

```
8      op, args = exp.op, exp.args
9      if is_prop_symbol(op):              #原子语句
10         return model.get(exp)
11     elif op == '~':
12         p = pl_true(args[0], model)
13         if p is None:
14             return None
15         else:
16             return not p
17     elif op == '|':
18         result = False
19         for arg in args:
20             p = pl_true(arg, model)
21             if p is True:
22                 return True
23             if p is None:
24                 result = None
25         return result
26     elif op == '&':
27         result = True
28         for arg in args:
29             p = pl_true(arg, model)
30             if p is False:
31                 return False
32             if p is None:
33                 result = None
34         return result
35
36     p, q = args                         #到此时应是蕴含表达式
37     if op == '==>':
38         return pl_true(~p | q, model)   #根据公式 (4.1) 处理 =>
39
40     pt = pl_true(p, model)              #根据公式 (4.2) 处理 <=>
41     if pt is None:
42         return None
43     qt = pl_true(q, model)
44     if qt is None:
45         return None
46     if op == '<=>':
```

```
47        return pt == qt
48    else:
49        raise ValueError(
50            'Illegal operator in logic expression' + str(exp))
```

4.5.4 基于知识库的 AI

AI 提供一个知识库 KB，KB 是规则的集合。AI 提供 tell 工具，用于构建 KB，告诉 AI 将一条规则加入 KB。AI 还提供一个 ask 工具，利用知识库询问一条语句的真值。

```
1  class KB:
2      def __init__(self, sentence=None):
3          self.rules = []                          #存储规则
4          if sentence:
5              self.tell(sentence)
6
7      def tell(self, sentence):                    #增加规则
8          self.rules.append(expr(sentence))
9
10     def ask(self, query):        #通过枚举方法检查是否推导出 query
11         return tt_entails(Expr('&', *self.rules), query)
12
13 def tt_entails(kb, alpha):        #由 kb 推导出 alpha
14     symbols = list(prop_symbols(kb & alpha)) #分解命题词
15     return tt_check_all(kb, alpha, symbols, {})
16     #枚举所有命题词的各种赋值，并检查 kb 是否蕴含 alpha
17
18 def prop_symbols(x):
19     if not isinstance(x, Expr):
20         return set()
21     elif is_prop_symbol(x.op):    #原子语句，操作符为单命题词
22         return {x}
23     else:                         #符号语句，递归分解操作参数
24         return {symbol for arg in x.args
25                 for symbol in prop_symbols(arg)}
26
27 def tt_check_all(kb, alpha, symbols, model):
28     if not symbols:               #各命题词都已纳入了模型
29         if pl_true(kb, model):    #模型满足 kb
30             result = pl_true(alpha, model) #是否满足语句 alpha
```

```
31              assert result in (True, False)
32              return result
33          else:
34              return True
35      else:                        #递归，枚举每个命题词的不同赋值
36          P, rest = symbols[0], symbols[1:]
37          model[P]=True
38          res1=tt_check_all(kb, alpha, rest, model)
39          model[P]=False
40          res2=tt_check_all(kb, alpha, rest, model)
41          return res1 and res2
```

4.6 实验报告要求

实验报告须包含实验任务、实验平台、实验原理、实验步骤、实验数据记录、实验结果分析和实验结论等部分，特别是以下重点内容。

（1）实现逻辑表达式 Expr、命题逻辑真值判定器 pl_true，以及知识库 KB 等模块。

（2）应用命题逻辑系统建立知识库，并实现推理。

（3）分析推断的结果。

4.7 考核要求与方法

实验总分 100 分，通过实验报告进行考核，标准有如下 3 点。

（1）报告的规范性 10 分。报告中的术语、格式、图表、数据、公式、标注及参考文献均符合规范要求。

（2）报告的严谨性 40 分。结构是否严谨，论述的层次是否清晰，逻辑是否合理，语言是否准确。

（3）实验的充分性 50 分。实验是否包含"实验报告要求"部分的 3 个重点内容，数据是否合理，是否有创新性成果或独立见解。

4.8 案例特色或创新

本实验的特色在于：实现了一个基于命题逻辑的推理系统，可以建立知识库，并根据知识库完成对逻辑语句的真值判断。系统对命题词真值使用枚举的方法来实现。通过对 Wumpus 世界的状态判断展示了系统的功能。本实验能培养学生开发逻辑推理系统的能力，同时提高学生对复杂系统的分析和设计能力。

第5章

贝叶斯网络：比赛结果预测

5.1 教 学 目 标

（1）掌握概率论在不确定性推理中的应用。

（2）能够建立贝叶斯网络模型，能够进行贝叶斯网络的精确求解。

（3）能够应用蒙特卡洛采样方法计算概率，包括拒绝采样方法、似然加权采样方法、Gibbs 采样方法等。

（4）能够分析研究不同的计算方案的特点。

5.2 实验内容与任务

三支足球队 A、B、C 两两之间各赛一场，总共需要赛三场，分别是 A 对 B、A 对 C、B 对 C。对一支球队来说，一场比赛的结果可能是胜、平、负之一。假设每场比赛的结果以某种概率取决于两队的实力，而球队实力为一个 0~3 的整数。现已知前两场比赛结果是 A 战胜了 B，A 和 C 战平，请预测最后一场比赛 B 对 C 的结果。

5.3 实验过程及要求

（1）实验环境要求：Windows/Linux 操作系统，Python 编译环境，numpy、random 等程序库。

（2）建立足球比赛的贝叶斯网络，设置贝叶斯网络的条件概率表。

（3）分别实现精确求解方法、拒绝采样方法、似然加权采样方法、Gibbs 采样方法，获得 B 对 C 比赛结果的后验分布。

（4）调整采样次数，观测几个近似方法相对于精确解的差距。

（5）撰写实验报告。

5.4 相关知识及背景

不确定性推理利用概率论知识来处理状态和采取的行为。通过完全联合概率分布可以计算多个变量的任何分布问题，但是当变量过多时，计算量是巨大的，最后可能多到不可操作。实际问题中，如果变量之间存在独立关系或者条件独立关系，则计算概率分布时的计算量要小很多。应用贝叶斯网络模型来表示变量之间的依赖关系，是进行不确定性推理的重要方法。

应用贝叶斯网络模型，进行概率分布的精确计算依然可能有较大的计算量，此时可以用采样的方法完成计算。当然采样计算是一种近似计算，但当采样规模足够大时，计算结果逼近精确结果。

5.5 实验教学与指导

5.5.1 贝叶斯网络

记三队的实力为 XA、XB、XC，其先验分别满足分布 $PA(X)$、$PB(X)$、$PC(X)$，其中 X 取值 0、1、2、3。一场比赛结果与队伍实力的关系的表现为条件分布，如 $P(sAB|XA, XB)$，其中 sAB 是 A 队对战 B 队时 A 队的结果，假设胜、平、负分别用 0、1、2 表示。根据实力和比赛结果的关系，构建贝叶斯网络（图 5.1）。实验任务为求 $P(sBC|sAB = 0, sAC = 1)$。

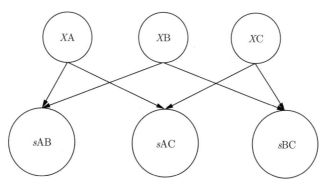

图 5.1 比赛问题的贝叶斯网络

假设在足球比赛问题中，XA、XB、XC 结点的条件概率表 PA、PB、PC 分别是：

```
1  PA=[0.3,0.3,0.2,0.2]
2  PB=[0.4,0.4,0.1,0.1]
3  PC=[0.2,0.2,0.3,0.3]
```

因为实验中比赛结果取决于实力，因此 sAB, sAC, sBC 共享一个条件概率表 PS，即

```
PS=\
[[[0.2,0.6,0.2],[0.1,0.3,0.6],[0.05,0.2,0.75],[0.01,0.1,0.89]],
[[0.6,0.3,0.1],[0.2,0.6,0.2],[0.1,0.3,0.6],[0.05,0.2,0.75]],
[[0.75,0.2,0.05],[0.6,0.3,0.1],[0.2,0.6,0.2],[0.1,0.3,0.6]],
[[0.89,0.1,0.01],[0.75,0.2,0.05],[0.6,0.3,0.1],[0.2,0.6,0.2]]]
```

PS 是一个 $4 \times 4 \times 3$ 的表，$PS[i][j]$ 是一个比赛结果的分布，表示参赛两队的实力为 i、j 时比赛结果的分布。

5.5.2 精确算法

贝叶斯网络的联合分布概率计算公式为

$$P(x_1, x_2, \cdots, x_n) = \prod_{i=1}^{n} P(x_i | \mathrm{Parent}(x_i)) \tag{5.1}$$

应用条件概率、边缘概率及联合分布率计算公式为

$$P(sBC | sAB = 0, sAC = 1)$$

$$= \alpha P(sBC, sAB = 0, sAC = 1) \tag{5.2}$$

$$= \alpha \sum_{XA=0}^{3} \sum_{XB=0}^{3} \sum_{XC=0}^{3} P(sBC, sAB = 0, sAC = 1, XA, XB, XC) \tag{5.3}$$

$$= \alpha \sum_{XA=0}^{3} \sum_{XB=0}^{3} \sum_{XC=0}^{3} P(sBC | XB, XC) P(sAB = 0 | XA, XB)$$

$$P(sAC = 1 | XA, XC) PA(XA) PB(XB) PC(XC) \tag{5.4}$$

利用条件概率表，则精确计算方法为：

```python
def direct_cal():
    res=[0,0,0]
    for XA in range (4):
        for XB in range (4):
            for XC in range (4):
                for sBC in range (3):
                    res[sBC] += PA[XA]*PB[XB]*PC[XC]\
                                *PS[XA][XB][0]\
                                *PS[XA][XC][1]\
```

```
10                            *PS[XB][XC][sBC]
11    return normal(res)    #normal(X)=X/sum(X) 将计数变成概率
```

5.5.3　拒绝采样方法

5.5.2节给出的精确算法的计算式包括多层累加，当变量较多时，计算复杂性是指数级的。蒙特卡洛算法通过采样的方式，给出近似解，能降低算法的复杂性。拒绝采样方法按贝叶斯网络结点的顺序对所有变量进行采样，获得一个事件。经过 N 次采样后，对所有采样事件进行统计，获得查询结果。

```
1  def reject_sampling():
2      n=5000
3      res=[0,0,0]
4      for i in range(n):
5          XA=np.random.choice(4,p=PA)
6          XB=np.random.choice(4,p=PB)
7          XC=np.random.choice(4,p=PC)
8          sAB=np.random.choice(3,p=PS[XA][XB])
9          sAC=np.random.choice(3,p=PS[XA][XC])
10         sBC=np.random.choice(3,p=PS[XB][XC])
11         if sAB==0 and sAC==1:
12             res[sBC]+=1
13     return normal(res)
```

5.5.4　似然加权采样方法

拒绝采样方法最后统计的是出现证据 $sAB=0$ 且 $sAC=1$ 的样本点，其他的被拒绝，因此造成计算浪费。似然加权方法固定证据变量，只对非证据变量进行采样。然而每个事件与证据有不同的吻合程度，在计数时须被考虑，因此对证据变量计算权值，最后算到结果中。

```
1  def likehood_weighting():
2      n=5000
3      res=[0,10,0]
4      for i in range(n):
5          w=1
6          XA=np.random.choice(4,p=PA)
7          XB=np.random.choice(4,p=PB)
8          XC=np.random.choice(4,p=PC)
9
10         w=w*PS[XA][XB][0]   #sAB 加权
```

```
11      w=w*PS[XA][XC][1]    # sAC 加权
12
13      sBC=np.random.choice(3,p=PS[XB][XC])
14      res[sBC]+=w
15  return normal(res)
```

5.5.5　Gibbs 采样方法

Gibbs 采样从一个初始样本出发，每次更改一个非证据变量形成一系列的采样点，然后对查询变量进行统计。采样一个非证据变量时，以其马尔可夫覆盖为条件进行采样。

```
1  def Gibs():
2      n=4999
3      res=[0,0,0]
4      XA,XB,XC,sAB,sAC,sBC=0,0,1,0,1,1
5      for k in range(n):
6          _PA=normal([PA[i]*PS[i][XB][sAB]*PS[i][XC][sAC] \
7                      for i in range(4)])
8          XA=np.random.choice(4,p=_PA)
9
10         _PB=normal([PB[i]*PS[XA][i][sAB]*PS[i][XC][sBC] \
11                     for i in range(4)])
12         XB=np.random.choice(4,p=_PB)
13
14         _PC=normal([PC[i]*PS[XA][i][sAC]*PS[XB][i][sBC] \
15                     for i in range(4)])
16         XC=np.random.choice(4,p=_PC)
17
18         sBC=np.random.choice(3,p=PS[XB][XC])
19         res[sBC]+= 1
20     return normal(res)
```

5.6　实验报告要求

实验报告须包含实验任务、实验平台、实验原理、实验步骤、实验数据记录、实验结果分析和实验结论等部分，特别是以下重点内容。

（1）正确建立比赛问题的贝叶斯网络模型。

（2）实现精确求解方法、拒绝采样方法、似然加权采样方法、Gibbs 采样方法。

（3）分析各种算法的时间复杂性，分析近似方法相对于精确解的差距。

（4）对各种算法的优缺点进行分析。

5.7　考核要求与方法

实验总分 100 分，通过实验报告进行考核，标准有如下 3 点。

（1）报告的规范性 10 分。报告中的术语、格式、图表、数据、公式、标注及参考文献是否符合规范要求。

（2）报告的严谨性 40 分。结构是否严谨，论述的层次是否清晰，逻辑是否合理，语言是否准确。

（3）实验的充分性 50 分。实验是否包含"实验报告要求"部分的 4 个重点内容，数据是否合理，是否有创新性成果或独立见解。

5.8　案例特色或创新

本实验的特色在于：培养学生应用概率论的知识进行推理，建立了足球比赛问题的贝叶斯网络模型，要求学生使用精确求解方法、拒绝采样方法、似然加权采样方法、Gibbs 采样方法进行贝叶斯网络的近似计算，培养学生应用贝叶斯网络对复杂问题进行建模和分析计算的能力。

第 6 章

隐马尔可夫模型：机器人定位

6.1 教 学 目 标

（1）掌握概率论在不确定性推理中的应用。

（2）能对部分可观察的问题建立隐马尔可夫模型。

（3）能够在时间序列上完成滤波、平滑、最可能序列等数据处理。

（4）能够使用热力图等工具实现数据可视化。

（5）提高对复杂工程问题建模和分析的能力。

6.2 实验内容与任务

图 6.1 表示一个地图，图中黑色部分的方格表示障碍物，编了数字的方格是扫地机器人可以移动的区域，机器人每次移动一格。已知在没有障碍的方向上，机器人等概率地到达下一格。机器人在东南西北四个方向上各安装了一个传感器，能够探测该方向的邻居是否有障碍。每次探测传感器会得到四个二进制位，分别表示东南西北四个方向的障碍物情况，1 表示有障碍器，0 表示无障碍物，如 0100 表示只有南边有障碍物。已知传感器在每个方向探测结果有 ε 的概率产生错误。

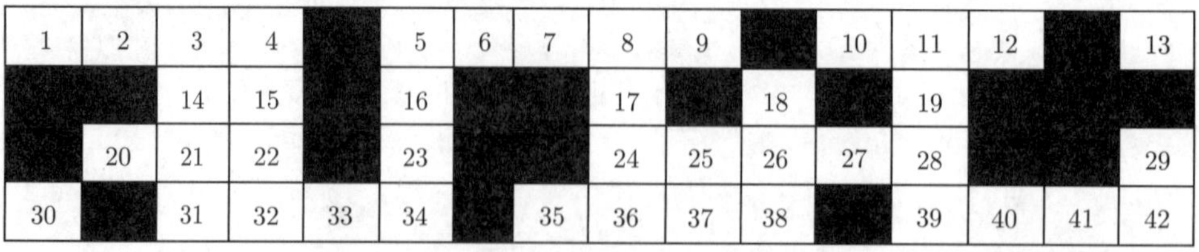

图 6.1 机器人搜索的地图

如果现收到机器人的传感器数据的时间序列（0111，0101，0001，…），请推断机器人位置序列。

6.3　实验过程及要求

（1）实验环境要求：Windows/Linux 操作系统，Python 编译环境，numpy、seaborn、matplotlib 等程序库。

（2）根据题意，定义机器人的状态集 X，观测集 E，状态转移模型（矩阵）$\boldsymbol{PXX}$，传感器模型（矩阵）$\boldsymbol{PEX}$。

（3）理解并实现滤波、平滑、最可能状态序列的计算方法。

（4）设置观测序列 $e_1 = 7 = 0111, e_2 = 5 = 0101, e_3 = 1 = 0001$。

（5）滤波计算：计算 $P(X_1|e_{1:1}), P(X_2|e_{1:2}), P(X_3|e_{1:3})$。

（6）平滑计算：计算 $P(X_1|e_{1:3}), P(X_2|e_{1:3})$。

（7）计算最可能序列：$(X_{1:3})$ 及 $P(X_{1:3}|e_{1:3})$。

（8）用热力图（或其他方法）对滤波和平滑的结果进行可视化。

（9）撰写实验报告。

6.4　相关知识及背景

随机变量有一个概率，但是随着时间的推移，这个概率是会变化的，如一个病人的病情或移动机器人的位置。应用贝叶斯网络同样可以处理时序模型。本次实验应用马尔可夫链来建立时序模型，包括状态转移模型和传感器模型。状态转移模型规定 t 时刻的状态 X_t 只与 $t-1$ 时刻的状态相关，即 $P(X_t|X_{1:t-1}) = P(X_t|X_{t-1})$。传感器模型规定 t 时刻的观测 E_t 只与 t 时刻的状态相关，即 $P(E_t|X_{1:t}) = P(E_t|X_t)$。由于状态是不可观测的，所以这样的马尔可夫模型称为隐马尔可夫模型（hidden Markov model，HMM），其贝叶斯网络图如图 6.2 所示。

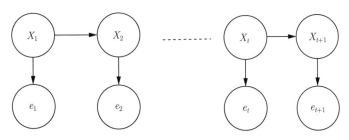

图 6.2　隐马尔可夫模型的贝叶斯网络图

针对 HMM，常见的计算是根据观测估计状态。例如，对当前状态滤波 $P(X_t|e_{1:t})$，对过去的状态平滑 $P(X_k|e_{1:t}), k < t$，以及计算最可能序列 $\arg\max\limits_{X_{1:t}} P(X_{1:t}|e_{1:t})$。

6.5　实验教学与指导

6.5.1　HMM

记 t 时刻机器人在地图上的位置为机器人的状态变量 X_t，则在障碍物之外，机器人共有 42 个可能状态值。机器人在各状态之间移动的转移概率 $P(X_t|X_{t-1})$，构成一个 42×42 的转移矩阵 $\boldsymbol{PXX}$。参考实验地图的相邻关系及机器人的移动规定，可以计算出转移矩阵的值。例如，因状态 14 有 3 个可行的邻居方向，$\boldsymbol{PXX}[15,14] = P(X_t = 15|X_{t-1} = 14) = \frac{1}{3}$。如果 X_t 和 X_{t-1} 不相邻，则 $\boldsymbol{PXX}[X_t, X_{t-1}] = 0$。

记在时刻 t 获得的环境信息为 e_t，包含 4 个传感器的结果，故机器人的观测信息共有 16 种。机器人的传感器对一个状态的观测概率为 $P(e_t|X_t)$，构成一个 42×16 的观测矩阵 $\boldsymbol{PEX}$。观测矩阵的值可以根据传感器误差的规定计算出来。假设实际的观测信息相对于完全正确的观测信息有 k 个位发生错误，则 $\boldsymbol{PEX}[e_t, x_t] = P(e_t|x_t) = \varepsilon^k(1 - \varepsilon)^{4-k}$。例如，当 $X_t = 14$ 时，传感器没有错误时 e_t 应是 0010。假设实际观测是 1011(十进制数 11)，则 2 个位发生错误，从而 $P(11, 14) = \varepsilon^2(1 - \varepsilon)^2$。

在已知状态集合 X、观测集合 E、状态转移矩阵 $\boldsymbol{PXX}$、观测矩阵 $\boldsymbol{PEX}$ 的情况下，本实验通过一个观测的时间序列，对状态进行滤波和平滑。由于状态集合是单变量，并且传感器的观测集合 E 和状态集合 X 不同，因此这是一个单变量的 HMM 问题。

6.5.2　滤波算法

用 e_t 表示 t 时刻的观测变量值，则根据 $e_1, e_2, \cdots, e_t$ 的观测信息来估计机器人 t 时刻所在的位置变量 X_t，被称为滤波。

滤波迭代计算公式如下

$$P(X_{t+1}|e_{1:t+1})$$

$$= \alpha P(e_{t+1}|X_{t+1})P(X_{t+1}|e_{1:t}) \tag{6.1}$$

$$= \alpha P(e_{t+1}|X_{t+1}) \sum_{X_t} P(X_{t+1}|X_t)P(X_t|e_{1:t}) \tag{6.2}$$

其中，公式 (6.1) 是贝叶斯规则和传感器假设，公式 (6.2) 是马尔可夫假设，α 是归一化系数。公式 (6.2) 定义了一种前向递推算法，即

$$P(X_{t+1}|e_{1:t+1}) = \text{Forward}(e_{t+1}, P(X_t|e_{1:t}))$$

```
def Forward(pxe,e_next,X,E,PXX,PEX):
    '''
```

```
3      输入参数 pxe 是 P(Xt|e1:t)，e_next 是 et+1
4      X,E,PXX,PEX 分别是状态集合、观测集合、状态转移矩阵、观测矩阵
5      返回值 pxe_next 是 P(Xt+1|e1:t+1)
6      '''
7      pxe_next=pxe.copy()
8      for x_next in X:
9          px_next=0
10         for x in X:
11             px_next += pxe[x]*PXX[x_next,x]
12         pxe_next[x_next]=PEX[e_next,x_next]*px_next
13     return normal(pxe_next)
```

注意 Forward 函数的实现只完成了一步递推，计算 $P(X_t|e_{1:t})$ 时需要从起点 $P(X_0|e_{1:0})$ 起，调用 Forward 函数 t 次。$P(X_0|e_{1:0})$ 为 X 的先验概率。

6.5.3　平滑算法

平滑是通过后续已知的观察系列，对以前的状态进行再估计。对于 $k < t$，有

$$
\begin{aligned}
& P(X_k|e_{1:t}) \\
&= P(X_k|e_{1:k}, e_{k+1:t}) \\
&= P(X_k|e_{1:k}) P(e_{k+1:t}|X_k, e_{1:k}) \\
&= P(X_k|e_{1:k}) P(e_{k+1:t}|X_k) \quad\quad (6.3)
\end{aligned}
$$

另外

$$
\begin{aligned}
& P(e_{k+1:t}|X_k) \\
&= \sum_{X_{k+1}} P(e_{k+1:t}|X_{k+1}) P(X_{k+1}|X_k) \\
&= \sum_{X_{k+1}} P(e_{k+1}|X_{k+1}) P(e_{k+2:t}|X_{k+1}) P(X_{k+1}|X_k) \quad\quad (6.4)
\end{aligned}
$$

公式 (6.4) 也定义了一种逆向递推算法，即

$$
P(e_{k+1:t}|X_k) = \text{Backward}(e_{k+1}, P(e_{k+2:t}|X_{k+1}))
$$

递推起点是 $P(e_{t+1:t}|X_t) = \vec{1}$。

```
1   def Backward(pexk_next,ek_next,X,E,PXX,PEX):
2       '''
3       输入参数 pexk_next 是 P(ek+2:t|Xk+1)，ek_next 是 ek+1
```

```
4      X,E,PXX,PEX 分别是状态集合、观测集合、状态转移矩阵、观测矩阵
5      返回值 pexk 是 P(e_{k+1:t}|X_k)
6      '''
7      pexk=np.zeros(len(X))
8      for x in X:
9          for xk_next in X:
10             pexk[x] += PEX[ek_next,xk_next]*\
11                        pexk_next[xk_next]*PXX[xk_next,x]
12     return normal(pexk)
```

公式 (6.3) 中的右边第一项 $P(X_k|e_{1:k})$ 可用 Forward 递推公式计算，右边第二项 $P(e_{k+1:t}|X_k)$ 用 Backward 公式计算。

6.5.4　最可能序列

当给定观测序列 $e_{1:N}$ 时，确定最大可能的状态序列 $X_{1:N}$。由于每个时间点的状态有 $|X|$ 种，因此状态序列一共有 $|X|^N$ 种，用穷举的方法计算每个序列的概率复杂度太高。根据马尔可夫性有下面的递推公式。

$$\max_{X_{1:t}} P(X_{1:t}, X_{t+1}|e_{1:t+1})$$
$$= \alpha P(e_{t+1}|X_{t+1}) \max_{X_t}(P(X_{t+1}|X_t) \max_{X_{1:t-1}} P(X_{1:t-1}, X_t|e_{1:t})) \qquad (6.5)$$

这个递推公式类似于 Forward 算法。

```
1   def ForwardX(maxX,e_next, X,E,PXX,PEX):
2       '''
3       输入参数 maxX 是向量 max P(X_{1:t-1},X_t|e_{1:t}))，e_next 是 e_{t+1}
                        X_{1:t-1}
4       X,E,PXX,PEX 分别是状态集合、观测集合、状态转移矩阵、观测矩阵
5       返回值 maxX_next 是 max P(X_{1:t},X_{t+1}|e_{1:t+1})，link 指向 X_t
                          X_{1:t}
6       '''
7       link=np.zeros(len(X))
8       maxX_next=np.zeros(len(X))
9       for x_next in X:
10          maxX_next[x_next]=PEX[e_next,x_next]*\
11                          np.max(PXX[x_next,:]*maxX)
12          link[x_next]=np.argmax(PXX[x_next,:]*maxX)
13      return maxX_next,link
```

根据第 N 个时间步返回的 $\max X$，得到最可能序列的第 N 个状态 $X_N = \text{argmax}(\max X)$，然后通过每一步记录的 link，回溯得到最大可能状态序列。这个算法被称为 Viterbi 算法。

6.6 实验报告要求

实验报告须包含实验任务、实验平台、实验原理、实验步骤、实验数据记录、实验结果分析和实验结论等部分，特别是以下重点内容。

（1）实现滤波、平滑、最可能序列的计算程序。

（2）分析滤波和平滑技术对机器人确定位置的影响。

（3）分析 Viterbi 算法的合理性。

（4）提供各状态的热力图表示。

6.7 考核要求与方法

实验总分 100 分，通过实验报告进行考核，标准有如下 3 点。

（1）报告的规范性 10 分。报告中的术语、格式、图表、数据、公式、标注及参考文献是否符合规范要求。

（2）报告的严谨性 40 分。结构是否严谨，论述的层次是否清晰，逻辑是否合理，语言是否准确。

（3）实验的充分性 50 分。实验是否包含"实验报告要求"部分的 4 个重点内容，数据是否合理，是否有创新性成果或独立见解。

6.8 案例特色或创新

本实验的特色在于：培养学生应用 HMM 对时序问题进行不确定性推理，要求学生能够完成滤波、平滑及最可能序列的计算，培养学生应用热力图来对数值结果进行更有效的展示，培养学生对复杂工程问题建模和分析的能力。

第7章

卡尔曼滤波器：运动跟踪

7.1 教学目标

（1）能够理解卡尔曼滤波器原理。

（2）能够实现卡尔曼滤波器，应用卡尔曼滤波器对状态进行估计。

（3）能够分析卡尔曼滤波器的估计性能。

7.2 实验内容与任务

一个物体在二维平面上运动，运动状态用 $X = (x, y, v_x, v_y)$ 表示，现有一个测量系统（如雷达），能观测到物体的位置 $Z = (x_z, y_z)$。随着时间的推移，其转移模型和观测模型都满足线性高斯分布，即

$$P(X_{t+1}|X_t) = N(\boldsymbol{F}X_t, \boldsymbol{\Sigma}_X)(X_{t+1}) \tag{7.1}$$

$$P(Z_t|X_t) = N(\boldsymbol{H}X_t, \boldsymbol{\Sigma}_Z)(Z_t) \tag{7.2}$$

其中，X_t 和 Z_t 是 t 时刻的状态和观测；$\boldsymbol{F}$ 和 $\boldsymbol{H}$ 是相应的参数矩阵；$\boldsymbol{\Sigma}_X$ 和 $\boldsymbol{\Sigma}_Z$ 是相应的噪声协方差矩阵。已知

$$\boldsymbol{F} = \begin{bmatrix} 1 & 0 & 1 & 0 \\ 0 & 1 & 0 & 1 \\ 0 & 0 & 1 & 0 \\ 0 & 0 & 0 & 1 \end{bmatrix} \quad \boldsymbol{\Sigma}_X = \begin{bmatrix} 2 & 0 & 0 & 0 \\ 0 & 2 & 0 & 0 \\ 0 & 0 & 0.01 & 0 \\ 0 & 0 & 0 & 0.01 \end{bmatrix}$$

$$\boldsymbol{H} = \begin{bmatrix} 1 & 0 & 1 & 0 \\ 0 & 1 & 0 & 1 \end{bmatrix} \quad \boldsymbol{\Sigma}_Z = \begin{bmatrix} 20 & 0 \\ 0 & 20 \end{bmatrix}$$

现有时间序列观测值 $Z_0, Z_1, \cdots, Z_t$，试对 $X_0, X_1, \cdots, X_t$ 的分布做出估计。

7.3 实验过程及要求

（1）实验环境要求：Windows/Linux 操作系统，Python 编译环境，numpy、scipy、matplotlib 等程序库。

（2）按公式 (7.1) 生成真实状态序列，并按公式 (7.2) 生成观测序列。

（3）实现卡尔曼滤波器，完成滤波处理。

（4）分析卡尔曼滤波处理的估计性能，绘制物体运动曲线。

（5）撰写实验报告。

7.4 相关知识及背景

在第 6 章 HMM 中，推导出了滤波、平滑等状态估计算法，但是状态模型和观测模型都是离散的，因此概率分布是离散的。在实际应用中，经常需要对连续值的状态进行滤波处理，卡尔曼滤波器就是 HMM 在连续状态下的滤波算法。

卡尔曼滤波器自 20 世纪 60 年代提出以来，在机器人导航、航空航天、雷达目标跟踪、图像和视频处理等领域得到广泛的应用。

7.5 实验教学与指导

7.5.1 卡尔曼滤波器原理

在 HMM 中，如果状态变量和观察变量是连续值，则贝叶斯网络的转移模型和传感器模型都只能用概率密度函数表示，而不能用条件概率表。假设转移模型和传感器模型符合线性高斯模型，如公式 (7.1) 和公式 (7.2) 所示。

假设状态 X_t 的分布满足高斯分布 $N(\mu_t, \boldsymbol{\Sigma}_t)$，则类似于离散状态下的 HMM，可以推导出滤波的递推公式

$$\mu_{t+1} = \boldsymbol{F}\mu_t + \boldsymbol{K}_{t+1}(Z_{t+1} - \boldsymbol{H}\boldsymbol{F}\mu_t) \tag{7.3}$$

$$\boldsymbol{\Sigma}_{t+1} = (\boldsymbol{I} - \boldsymbol{K}_{t+1}\boldsymbol{H})(\boldsymbol{F}\boldsymbol{\Sigma}_t\boldsymbol{F}^{\mathrm{T}} + \boldsymbol{\Sigma}_X) \tag{7.4}$$

其中，$\boldsymbol{K}_{t+1}$ 称为卡尔曼增益矩阵。

$$\boldsymbol{K}_{t+1} = (\boldsymbol{F}\boldsymbol{\Sigma}_t\boldsymbol{F}^{\mathrm{T}} + \boldsymbol{\Sigma}_X)\boldsymbol{H}^{\mathrm{T}}(\boldsymbol{H}(\boldsymbol{F}\boldsymbol{\Sigma}_t\boldsymbol{F}^{\mathrm{T}} + \boldsymbol{\Sigma}_X))\boldsymbol{H}^{\mathrm{T}} + \boldsymbol{\Sigma}_Z)^{-1} \tag{7.5}$$

从公式 (7.4) 和公式 (7.5) 可知，协方差矩阵 $\boldsymbol{\Sigma}_t$ 和卡尔曼增益矩阵 $\boldsymbol{K}_t$ 的更新独立于观测，因此可以脱机进行。公式 (7.3) 有较直观的含义，$\boldsymbol{F}\mu_t$ 是 $t+1$ 时刻的状态预测；$\boldsymbol{H}\boldsymbol{F}\mu_t$ 是 $t+1$ 时刻的观测预测；$Z_{t+1} - \boldsymbol{H}\boldsymbol{F}\mu_t$ 是与实际观测的误差；$\boldsymbol{K}_{t+1}$ 表示对误差的权重；因此 μ_{t+1} 是通过观测误差对状态预测值的调整。

7.5.2 卡尔曼滤波器实现

```python
class Kalman():
    def __init__(self,F,SigX,H,SigZ):
        self.F=F
        self.H=H
        self.SigX=SigX
        self.SigZ=SigZ

    def Sample(self):                    #生成 20 个时间点的观测数据
        X=np.zeros((20,4))
        X[0]=np.array([0,0,10,10])

        for i in range(1,20):    #生成真实状态
            X[i]=stats.multivariate_normal.rvs(
                self.F @ X[i-1], self.SigX,1)
        self.X=X

        Z=np.zeros((20,2))
        for i in range(20):         #生成观测
            Z[i]=stats.multivariate_normal.rvs(
                self.H @ X[i], self.SigZ,1)
        self.Z=Z

    def work(self):
        Mu=np.zeros((20,4))
        Sig=np.zeros((20,4,4))
        Mu[0]=np.array([self.Z[0,0],self.Z[0,1], 10, 10] )
        Sig[0]=self.SigX

        for i in range(1,20):
            P=self.F@Sig[i-1]@self.F.T+self.SigX
            K=P@self.H.T@np.linalg.inv(
                self.H@P@self.H.T+self.SigZ)    #公式 (7.5)
            FMu=self.F@Mu[i-1]
            Mu[i]=FMu+K@(self.Z[i]-self.H@FMu) #公式 (7.3)
            I=np.eye(self.SigX.shape[1])
            Sig[i]=(I-K@H)@P                  #公式 (7.4)

        self.Mu=Mu
```

```
    self.Sig=Sig
```

7.6 实验报告要求

实验报告须包含实验任务、实验平台、实验原理、实验步骤、实验数据记录、实验结果分析和实验结论等部分，特别是以下重点内容。

（1）描述卡尔曼滤波器的原理，实现卡尔曼滤波器。

（2）生成实验数据，设置滤波参数，进行滤波。

（3）分析不同参数设置对滤波结果的影响，绘制真实位置、观测位置、滤波位置曲线。

7.7 考核要求与方法

实验总分 100 分，通过实验报告进行考核，标准有如下 3 点。

（1）报告的规范性 10 分。报告中的术语、格式、图表、数据、公式、标注及参考文献是否符合规范要求。

（2）报告的严谨性 40 分。结构是否严谨，论述的层次是否清晰，逻辑是否合理，语言是否准确。

（3）实验的充分性 50 分。实验是否包含"实验报告要求"部分的 3 个重点内容，数据是否合理，是否有创新性成果或独立见解。

7.8 案例特色或创新

本实验的特色在于：通过与离散状态的 HMM 对比，要求学生理解并实现卡尔曼滤波器，并能应用卡尔曼滤波器实现目标跟踪；能够调整模型参数，分析和研究参数对模型性能的影响，提高学生对复杂工程问题建模和分析的能力。

第 8 章

马尔可夫决策：机器人导航

8.1　教学目标

（1）能够理解和掌握马尔可夫决策模型。

（2）能够应用价值迭代法和策略迭代法求解马尔可夫决策模型的最优策略及其状态效用。

（3）能够分析不同方案的优缺点，提高对复杂工程问题建模和分析的能力。

8.2　实验内容与任务

图 8.1（a）是一个机器人导航问题的地图，黑色格子是障碍物。机器人从起点 Start 出发进行连续移动，移动过程中机器人知道自己所在的格子位置。机器人每次移动一格，移动前必须在上下左右中选择一个方向，但是由于地板打滑的原因，实际移动的结果并不一定是在所选择的方向上。如图 8.1（b）所示，机器人每次移动的实际结果是机器人以 0.8 的概率移向所选方向，也可能是以 0.1 的概率移向垂直于所选方向。如果实际移动的方向上有障碍物，则机器人会停在原地，继续进行移动决策。如果机器人进入标有 +1 和 −1 的格子，则终止移动。机器人移动到图中每个格子，会获得一份报酬，图 8.1（a）中标有 +1 和 −1 的格子中标记的就是该格子的报酬，其他格子的报酬是 −0.04，报酬会随着时间打折。用马尔可夫决策的知识计算问题的价值函数，以及机器人的最佳策略。

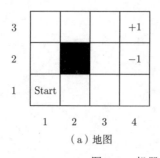

图 8.1　机器人行动环境

8.3　实验过程及要求

（1）实验环境要求：Windows/Linux 操作系统，Python 编译环境，numpy、scipy 等程序库。

（2）建立环境模型，设置状态集、转移矩阵、报酬、折扣等环境参数。

（3）实现价值迭代算法，输出最优策略及其状态效用。

（4）实现策略迭代算法，输出最优策略及其状态效用。

（5）分别调整环境的报酬定义、折扣值、转移概率，比较相应的最优策略。

（6）撰写实验报告。

8.4　相关知识及背景

马尔可夫决策过程是 Agent 进行序列决策的模型。每次决策 Agent 会选取一个行动，该行动会改变状态，马尔可夫性质规定 Agent 的状态变化只与前一时刻的状态相关，与更早的状态无关。Agent 每进入一个状态会带来一定的报酬，因此序列决策会带来一个总报酬。为了获得多的总报酬，Agent 需要采用最优的决策。

从不同的初始状态出发，获得的总报酬称为该初始状态的效用，状态的效用跟 Agent 的决策策略有关系。Bellman 方程揭示了状态的报酬、最优策略、最优策略下的状态效用之间的关系。应用价值迭代法或者策略迭代法可以求解 Bellman 方程，获得最优策略及其状态效用。

8.5　实验教学与指导

8.5.1　马尔可夫决策过程

模型的变量或者符号定义如表 8.1 所示。本章实验问题是一个马尔可夫过程，定义了状态集合 X(初始状态 s)，每个状态的行动集合 A，转移模型 $\boldsymbol{P}(x,a,x')$，以及回报函数 $R(x)$。目前这些元素在 8.2 节的描述中都已经给出，作为问题的已知条件。$U^{\pi}(x)$ 是机器人从状态 x 出发，按照策略 π，连续移动所获得的报酬总和的期望值：

$$U^{\pi}(x) = E\left(\sum_{t=0}^{t=+\infty} \gamma^t R(x_t)\right) \tag{8.1}$$

其中，$x_0 = x$。而最优策略则满足

$$\pi^*(x) = \arg\max_{a \in A} \sum_{x'} \boldsymbol{P}(x,a,x')U(x') \tag{8.2}$$

表 8.1   模型的变量或者符号定义

符号	含义
n	状态个数，$n = 11$
X	状态集合，$X = 1, 2, \cdots, n$
x	一个状态，$x \in X$
A	行动集合，$A(x) = $ Right, Down, Left, Up
a	一个行动，$a \in A$
P	三维的转移矩阵，$P(x, a, x')$ 定义机器人从状态 x，采取行动 a 后，转移到状态 x' 的概率为 $P(x'\|x, a)$
π	策略函数，$\pi(x)$ 是状态 x 应采取的行动
R	报酬函数，$R(x)$ 是状态 x 的回报，一个实数
γ	每个时间步上的折扣
$U^{\pi}(x)$	策略 π 下，状态 x 的效用
π^*	最优的策略

8.5.2   环境模型

```
class Env():
    def __init__(self,name):
        self.Name=name
        self.N=11
        self.A=np.arange(4)  #{Right, Down, Left, Up}
        self.X=np.arange(self.N)
        self.makeP() #定义转移矩阵
        self.makeR() #定义报酬向量
        self.Gamma=1 #折扣
        self.StartState=0
        self.EndStates=[6,10]
```

根据 8.2 节的描述，转移矩阵 P 容易得到。例如，假设当前位置 $(1,1)$ 格为状态 0，$(1,2)$ 格为状态 1，则根据图 8.1（b），机器人从状态 0 向右移动到达状态 1 的转移概率 $P[0,0,1] = 0.8$，机器人从状态 0 向下移动到达状态 1 的转移概率 $P[0,1,1] = 0.1$。

8.5.3   价值迭代算法

Bellman 方程揭示了最优策略下，不同状态的效用之间的联系。

$$U(x) = R(x) + \gamma \max_{a \in A} \sum_{x'} P(x, a, x') U(x') \tag{8.3}$$

价值迭代算法根据 Bellman 方程，使用迭代算法来逼近最优策略下的状态效用。

```
def ValueIter(E):
    U=np.zeros(E.N)
```

```
3    U_=np.zeros(E.N)
4    delta=1
5    while delta>0.0001:
6        U=np.copy(U_)
7        U_=E.R+E.Gamma*np.max(np.dot(E.P[:,:,:],U),axis=1)
8        delta = np.max(np.abs(U-U_))
9    Pai=np.argmax(np.dot(E.P[:,:,:],U),axis=1)
10   return U,Pai
```

8.5.4 策略评估

对一个策略 π 的评价可根据其产生的效用来进行，即

$$U(x) = R(x) + \gamma \sum_{x'} \boldsymbol{P}(x, \pi(x), x')U(x') \tag{8.4}$$

对所有的 x，公式 (8.4) 代表了一个线性方程组，可以用代数方法求解。

```
1    def Eval(E,Pi):
2        A=np.zeros((E.N,E.N))
3        for i in range(E.N):
4            A[i,:]=E.Gamma*E.P[i,Pi[i],:]
5        A=A-np.identity(E.N)
6        b=-E.R
7        U=linalg.solve(A, b)
8        return U
```

线性方程组的求解一般需要 $O(N^3)$ 的计算时间。在状态数 N 过大时，公式 (8.4) 也可以用一个迭代算法求解，时间为 $O(kN^2)$。

```
1    def Eval(E,Pi):
2        U=np.zeros(E.N)
3        k=20
4        for k in range (k):
5            for i in range(E.N):
6                U[i]= E.R[i]+E.Gamma*np.dot(E.P[i,Pi[i],:],U)
7        return U
```

8.5.5 策略迭代算法

价值迭代算法迭代到效用值收敛，一般需要较多的迭代次数，但最优策略可能比效用值更早收敛。策略迭代法通过更新策略来逼近最佳策略，如果某个行为 a 产生的效用值 $U(x)$ 更好，则可以替代 $\pi(x)$。这里需要使用 8.5.4 节的策略评估函数。

```
1  def PolicyIter(E):
2      Pai=np.zeros(E.N,dtype=np.int)          #初始策略
3      change=True
4      while change:
5          U=Eval(E,Pai)              #计算该策略下的最大效用
6          change=False
7          for x in E.X:
8              if np.max(np.dot(E.P[x,:,:],U))\
9                  >np.dot(E.P[x,Pai[x],:],U)+1E-5:
10                 Pai[x]=np.argmax(np.dot(E.P[x,:,:],U))
11                 change=True
12     return U,Pai
```

8.6　实验报告要求

实验报告须包含实验任务、实验平台、实验原理、实验步骤、实验数据记录、实验结果分析和实验结论等部分，特别是以下重点内容。

（1）建立机器人导航问题的马尔可夫决策模型，实现 ENV 模块。

（2）实现价值迭代算法和策略迭代算法。

（3）分析不同的报酬定义、折扣值、转移概率对最优策略的影响。

（4）比较价值迭代算法和策略迭代算法的优缺点。

8.7　考核要求与方法

实验总分 100 分，通过实验报告进行考核，标准有如下 3 点。

（1）报告的规范性 10 分。报告中的术语、格式、图表、数据、公式、标注及参考文献是否符合规范要求。

（2）报告的严谨性 40 分。结构是否严谨，论述的层次是否清晰，逻辑是否合理，语言是否准确。

（3）实验的充分性 50 分。实验是否包含"实验报告要求"部分的 4 个重点内容，数据是否合理，是否有创新性成果或独立见解。

8.8　案例特色或创新

本实验的特色在于：通过对机器人导航问题的建模和求解，培养学生应用马尔可夫决策模型对时序问题进行决策和推理，要求学生能够完成价值迭代及策略迭代算法，并完成环境参数分析和比较；提高学生对复杂工程问题建模和分析的能力。

第 9 章

决策树学习：红酒分类

9.1 教 学 目 标

（1）能够完成决策树分类的全流程技术步骤，包括数据准备、决策树定义、模型训练和评估等。

（2）能够应用 sklearn 程序库实现决策树。

（3）能够通过调整参数以获得较高的决策树性能。

（4）提高对复杂工程问题建模和分析的能力。

9.2 实验内容与任务

wine 是一个有 178 个红酒样例的数据集，这些样例分别属于 3 个类别：0、1、2，每个样例具有 13 种属性，分别是 alcohol、malic acid、ash、alcalinity of ash、magnesium、total phenols、flavanoids、nonflavanoid phenols、proanthocyanins、color intensity、hue、od280/od315 of diluted wines、proline，这些数据如图 9.1 所示，其中最后一列是每个样例所属类别。使用这个数据集，利用 sklearn 机器学习包建立并评估决策树模型。

	0	1	2	3	4	5	6	7	8	9	10	11	12	0
0	14.23	1.71	2.43	15.6	127.0	2.80	3.06	0.28	2.29	5.64	1.04	3.92	1065.0	0
1	13.20	1.78	2.14	11.2	100.0	2.65	2.76	0.26	1.28	4.38	1.05	3.40	1050.0	0
2	13.16	2.36	2.67	18.6	101.0	2.80	3.24	0.30	2.81	5.68	1.03	3.17	1185.0	0
3	14.37	1.95	2.50	16.8	113.0	3.85	3.49	0.24	2.18	7.80	0.86	3.45	1480.0	0
4	13.24	2.59	2.87	21.0	118.0	2.80	2.69	0.39	1.82	4.32	1.04	2.93	735.0	0
...	...	...	...	...	...	...	...	...	...	...	...	...	...	...
173	13.71	5.65	2.45	20.5	95.0	1.68	0.61	0.52	1.06	7.70	0.64	1.74	740.0	2
174	13.40	3.91	2.48	23.0	102.0	1.80	0.75	0.43	1.41	7.30	0.70	1.56	750.0	2
175	13.27	4.28	2.26	20.0	120.0	1.59	0.69	0.43	1.35	10.20	0.59	1.56	835.0	2
176	13.17	2.59	2.37	20.0	120.0	1.65	0.68	0.53	1.46	9.30	0.60	1.62	840.0	2
177	14.13	4.10	2.74	24.5	96.0	2.05	0.76	0.56	1.35	9.20	0.61	1.60	560.0	2

178 rows×14 columns

图 9.1　wine 数据集

9.3　实验过程及要求

（1）实验环境要求：Windows/Linux 操作系统，Python 编译环境，numpy、sklearn、graphviz 等程序库。

（2）理解决策树学习的理论基础，熟悉实验内容。

（3）从 sklearn 中载入 wine 数据集，并观察其相关信息。

（4）建立决策树模型，通过数据集实现训练和性能评估。

（5）调整决策树模型的参数，研究参数与预测性能的关系。

（6）撰写实验报告。

9.4　相关知识及背景

决策树是一种树模型，通过对属性值的测试来判断输入样例的类别。树的结点用于属性测试，一条从根结点到叶子结点的路径表达了判断准确度不断提升的过程，到了叶子结点可完成最终判断。一个决策树的模型如图 9.2 所示。

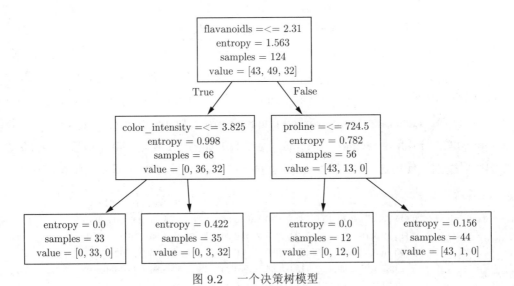

图 9.2　一个决策树模型

决策树上的每个从根结点到叶子结点的路径对应着一条分类规则，这种基于属性测试的分类规则人们往往容易理解和接受，因而是最常用的分类模型。决策树模型通过带类标记的数据来训练，属于有监督学习。本实验通过 sklearn 程序库来实现决策树的训练和性能评估。

9.5 实验教学与指导

9.5.1 决策树的学习算法

决策树是通过给定的数据集进行训练得到的。决策树首先选择一个数据属性（最重要的属性）作为根结点进行属性值测试，根据测试结果将样例数据分为几个子集。每个子集继续测试余下的数据属性，从而递归完成子树的构建。递归构建在以下几种情况下结束，该树结点作为叶子结点。

（1）该结点的样例子集属于同一类别 C，则该结点类别规定为 C。

（2）该结点处已没有属性可供测试，则该结点类别规定为样例子集中占多数的类别。

（3）该结点的样例子集为空，则该结点类别规定为其父结点的样例子集中占多数的类别。

```
def Decision_Tree_Learning(examples, attributes, parent_examples):
    if examples is empty:
        return node with PluralityClass(parent_examples)
    elif examples is with identical Class:
        return node with Class(examples)
    elif attributes is empty:
        return node with PluralityClass(examples)
    else:
        A = arg max IMPORTANCE(a,examples) # 计算最重要的属性
            a∈attributes
        tree=Node with PluralityClass(examples)
        tree.TestAttr=A
        for each value v_k of A:
            exs=examples with A=v_k
            subtree=Decision_Tree_Learning(
                exs,attributes-A,examples)
            tree.add(subtree)
        return tree
```

决策树中，通过从根结点到一个叶子结点的属性测试过程，确定了该结点所代表的类别，给出了一条分类规则。

9.5.2 属性重要性度量：熵与基尼指数

1. 信息增益

决策树学习算法中，一个结点面对的样本子集包含多个类别时，其成分是混杂的，学习算法希望将其分成几个子结点，使得每个子结点的类别成分混杂程度下降，从而能

更准确地实现分类。衡量一个集合 S 的类别的混杂程度可用熵（entropy）的概念。公式为

$$H(S) = -\sum_{k=1}^{|C|} \frac{n_k}{n} \log_2 \frac{n_k}{n} \tag{9.1}$$

其中，C 是 S 中的类别集合；n 是样例总数；n_k 是第 k 个类别的样例数。

选取一个属性 A，根据属性值划分为 m_A 个子结点后，子结点的熵的平均值为 $H(S|A)$。熵在划分前后的减少量称为信息增益 Gain。对应公式为

$$H(S|A) = \sum_{i=1}^{m_A} \frac{|S_i|}{|S|} H(S_i) \tag{9.2}$$

$$\text{Gain}(S, A) = H(S) - H(S|A) \tag{9.3}$$

使用信息增益作为属性重要性度量的决策树算法是 ID3 算法。

2. 信息增益比

由于信息增益会偏向于优先具有较多值的属性，一种改进是使用信息增益比作为重要性度量，即

$$H_A(S) = \sum_{i=1}^{m_A} \frac{|S_i|}{|S|} \log_2 \frac{|S_i|}{|S|} \tag{9.4}$$

$$\text{Gain}_R(S, A) = \frac{\text{Gain}(S, A)}{H_A(S)} \tag{9.5}$$

使用 Gain_R 作为属性重要性度量的决策树算法为 C4.5 算法，但 C4.5 算法会偏向值较少的属性。

3. 基尼（Gini）指数

除了熵，Gini 指数指数也可以用来衡量集合的类别混杂程度。

$$\text{Gini}(S) = \sum_{k=1}^{|C|} \frac{n_k}{n}\left(1 - \frac{n_k}{n}\right) = 1 - \sum_{k=1}^{|C|} \left(\frac{n_k}{n}\right)^2 \tag{9.6}$$

应用 Gini 指数，然后根据 Gini 指数的减小量来衡量属性的重要性的决策树算法为 CART 算法。

9.5.3 决策树剪枝

通过训练学习出的决策树可能过于庞大，对训练数据符合得很好，但泛化能力很差。这类问题的解决办法是对生成的决策树进行剪枝，从后代是叶结点的内结点开始检查，

如果该结点分裂之后的信息增益并不大，则取消分裂，该内结点作为新的叶结点。可以为剪枝定义一些参数，来控制最后树的规模。例如，规定最大叶子结点数、最大内结点数、树的最大高度等。

9.5.4　sklearn 的决策树模型

本实验直接应用 sklearn 程序库的决策树模型来完成实验任务。sklearn 程序库通过 numpy、scipy、matplotlib 等 Python 数值计算的库实现高效的算法应用，并且涵盖了几乎所有主流机器学习算法。决策树模型的定义如下：

```
class sklearn.tree.DecisionTreeClassifier( criterion='gini', splitter=
    'best', max_depth=None, min_samples_split=2,      min_samples_leaf=1,
    min_weight_fraction_leaf=0.0, max_features=None, random_state=None,
    max_leaf_nodes=None,min_impurity_decrease=0.0, min_impurity_split=
    None, class_weight=None, presort=False )
```

其中大量的参数定义了剪枝。参数说明如下。

- criterion：{"gini"，"entropy"}。
- splitter：{"best"，"random"}，best 指每次分裂时直接选择最重要属性，random 指几次随机采样中的最重要属性。
- max_depth：结点的最大深度。
- min_samples_split：一个内结点需要分裂时的最少样本数。
- min_samples_leaf：叶结点的最少样本数。
- min_weight_fraction_leaf：叶结点的样本权和百分数。
- max_features：结点使用的最大特征数目。
- random_state：对随机性进行控制，其他参数相同时，同一个 random_state 生成的树应该是一样的。
- max_leaf_nodes：最大叶子结点数。
- min_impurity_decrease：结点分裂时的最小增益量。
- min_impurity_split：结点分裂的混乱度最小阈值。
- class_weight：类别不平衡时的权值。
- presort：数据是否提前排序。

9.5.5　应用 sklearn 进行决策树建模和评估

（1）先安装可视化软件 graphviz，其包含相关程序包 numpy、sklearn、graphviz。

```
from sklearn.tree import DecisionTreeClassifier
from sklearn.tree import export_graphviz
from sklearn.datasets import load_wine
```

```
4  from sklearn.model_selection import train_test_split
5  from sklearn.metrics import classification_report
```

（2）载入 wine 数据集，并观察其相关信息。

```
1  wine= load_wine()
2  print(wine.data.shape)
3  print(wine.data)
4  print(wine.target)
5  print(wine.feature_names)
6  print(wine.target_names)
```

（3）将数据集以 7:3 的比例划分为训练集和测试集。

```
1  Xtrain,Xtest,Ytrain,Ytest=train_test_split(
2      wine.data,wine.target,test_size=0.3,
3      random_state=420)
```

（4）建立决策树模型。

```
1  model=DecisionTreeClassifier(criterion="entropy")
```

（5）用训练集进行训练。

```
1  model.fit(Xtrain,Ytrain)
```

（6）观察树结构。

```
1  dot_data=export_graphviz(model)
2  graph = graphviz.Source(dot_data)
3  graph.view('Tree')
```

（7）在测试集上进行预测，并获得模型的性能报告，包括 accuracy、precision、recall、F1-score 等。

```
1  Ypredict=model.predict(Xtest)
2  print(classification_report(Ytest, Ypredict))
```

（8）对比训练集和测试集上的准确度，了解模型的泛化能力。

```
1  print(model.score(Xtrain,Ytrain))
2  print(model.score(Xtest,Ytest))
```

（9）调整第（4）步中决策树模型的参数设置，观察不同参数设置对模型性能的影响。

9.6 实验报告要求

实验报告须包含实验任务、实验平台、实验原理、实验步骤、实验数据记录、实验结果分析和实验结论等部分，特别是以下重点内容。

（1）描述应用 sklearn 进行机器学习的完整步骤。

（2）记录决策树在训练集和测试集上的完整性能评估报告，分析其差异的原因。

（3）分析不同参数对决策树模型性能的影响。

9.7 考核要求与方法

实验总分 100 分，通过实验报告进行考核，标准有如下 3 点。

（1）报告的规范性 10 分。报告中的术语、格式、图表、数据、公式、标注及参考文献是否符合规范要求。

（2）报告的严谨性 40 分。结构是否严谨，论述的层次是否清晰，逻辑是否合理，语言是否准确。

（3）实验的充分性 50 分。实验是否包含"实验报告要求"部分的 3 个重点内容，数据是否合理，是否有创新性成果或独立见解。

9.8 案例特色或创新

本实验的特色在于：通过在 wine 数据集上应用决策树分类，训练学生应用机器学习方法实现预测和推理；能够建立并评估决策树模型，并通过调整模型参数来提高模型的性能；能够使用 sklearn 软件库进行关于机器学习的研究和开发，提高学生对复杂工程问题建模和分析的能力。

第10章

线性回归：糖尿病病情预测

10.1 教学目标

（1）学习线性回归模型的理论基础，掌握线性回归分析技术，能够应用分析方法进行线性回归计算。

（2）能够应用 Keras 平台建立线性回归模型，并进行模型的分析和评价。

（3）提高学生对人工智能领域的复杂问题的建模能力和分析能力。

10.2 实验内容与任务

diabetes 是一个含有 442 个样例的糖尿病患者信息数据集，每个样例记录了 10 个患者特征，包括年龄（age）、性别（sex）、体质指数（body mass index，BMI）、血压（blood pressure，BP），以及其他 6 个血浆指标数据项 s1, s2, $\cdots$, s6。数据集中的这些特征数据经过了预处理。目标变量是 1 年后的病情发展量化指数 y。

现要求通过该 diabetes 数据集，建立糖尿病发展情况的线性回归模型。

10.3 实验过程及要求

（1）实验环境要求：Windows/Linux 操作系统，Python 编译环境，numpy、sklearn、Keras 软件包。

（2）下载 diabetes 糖尿病数据集，并了解数据集的特点、观察数据。

（3）理解线性回归的原理，理解线性回归的优势，学习线性回归的正则化方法。

（4）应用分析方法对糖尿病数据集进行线性回归计算。

（5）应用 Keras 建立线性回归模型，并与分析方法的结果进行比较。

（6）修改线性回归模型，实现 Ridge、Lasso 回归模型，记录每个方法所学习到的参数 w 及性能评估分数 r2_score，完成对各方法的实验结果分析。

（7）撰写实验报告。

10.4　相关知识及背景

在机器学习中，用 $y = h(x) = \boldsymbol{w}\boldsymbol{x}^{\mathrm{T}} + b$ 来建立因变量 y 和自变量 x 之间的函数关系，通过数据集 (X, Y) 来学习参数 w 和 b，这种问题建模及分析方法称为线性回归。如果 x 是单变量，称为一元线性回归分析，如果 $\boldsymbol{x}$ 是多维向量，则称为多元线性回归分析。

线性回归是历史最悠久的回归模型，在理论上它是回归问题的基础，可以扩展到分类问题及非线性问题；在应用上其简单易训练，可解释性强（参数 w 反映了 x 各分量影响 y 的强度），同时有大量的资料文献可供参考，因而是工业界使用最广泛的模型。

10.5　实验教学与指导

10.5.1　线性回归

假设包含 N 个样例的训练数据集用 $(x_1, y_1, x_2, y_2, \cdots, x_N, y_N)$ 表示，其中每个样例为横向量 $\boldsymbol{x}_i$，包含 k 个特征，即 $\boldsymbol{x}_i = (x_i^1, x_i^2, \cdots, x_i^k)$，因变量 y_i 是一个连续型数值。

如果 $\boldsymbol{w}$ 是对应的参数横向量，用 $h(\boldsymbol{x}) = \boldsymbol{w}\boldsymbol{x}^{\mathrm{T}} + b$ 来建立数据模型时，使用平方损失函数为

$$\mathrm{loss}(h) = \sum_{i=1}^{N} (\boldsymbol{w}\boldsymbol{x}_i^{\mathrm{T}} + b - y_i)^2 \tag{10.1}$$

求参数 $\boldsymbol{w}$ 和 b 使得损失最小，可使用梯度下降法。也可以用分析的方法给出线性回归的直接计算公式。为表示方便，将 $\boldsymbol{w}$ 和 b 连接成一个向量即令 $\boldsymbol{w} = (b, w_1, w_2, \cdots, w_k)$，同时将 $\boldsymbol{x}_i$ 表示为 $(1, x_i^1, x_i^2, \cdots, x_i^k)$，将所有的 $\boldsymbol{x}_i$ 堆叠成一个 $\boldsymbol{X}$ 矩阵，用 $\boldsymbol{Y}$ 表示纵向量 $(y_1, y_2, \cdots, y_N)^{\mathrm{T}}$，则损失函数用矩阵方式描述为

$$\mathrm{loss}(h) = (\boldsymbol{w}\boldsymbol{X}^{\mathrm{T}} - \boldsymbol{Y}^{\mathrm{T}})(\boldsymbol{X}\boldsymbol{w}^{\mathrm{T}} - \boldsymbol{Y})$$

当 loss 最小时梯度为 0，故

$$\frac{\mathrm{dloss}}{\mathrm{d}\boldsymbol{w}} = 2\boldsymbol{X}^{\mathrm{T}}(\boldsymbol{X}\boldsymbol{w}^{\mathrm{T}} - \boldsymbol{Y}) = 0$$

从而

$$\boldsymbol{w}^{\mathrm{T}} = (\boldsymbol{X}^{\mathrm{T}}\boldsymbol{X})^{-1}\boldsymbol{X}^{\mathrm{T}}\boldsymbol{Y} \tag{10.2}$$

10.5.2　正则化

为了避免线性回归造成过拟合，可以对损失函数加以正则化，即

$$\mathrm{loss}(h) = \sum_{i=1}^{N} (\boldsymbol{w}\boldsymbol{x}_i^{\mathrm{T}} + b - y_i)^2 + \lambda \sum_{i=1}^{k} \boldsymbol{w}_i^2 \tag{10.3}$$

或者

$$\text{loss}(h) = \sum_{i=1}^{N}(\boldsymbol{w}\boldsymbol{x}_i^{\mathrm{T}} + b - y_i)^2 + \lambda\sum_{i=1}^{k}|\boldsymbol{w}_i| \tag{10.4}$$

其中，使用公式 (10.3) 的线性回归称为 Ridge 回归；使用公式 (10.4) 的线性回归称为 Lasso 回归。它们都倾向选择较小的 $\boldsymbol{w}_i$ 参数，但 Lasso 回归可以使一些 $\boldsymbol{w}_i$ 为 0，从而达到选择属性的目的。

10.6 实验原理及方案

Keras 是一个深度学习平台。因为线性回归可以看作一层的神经网络，因此可以用 Keras 实现线性回归计算。

10.6.1 数据加载

通过 sklearn 包加载 diabetes 数据，并按 7∶3 划分成训练集和测试集。

```
from sklearn import datasets
from sklearn.model_selection import train_test_split
import numpy as np
from tensorflow.keras.models import Sequential
from tensorflow.keras.layers import Dense
from tensorflow.keras import optimizers
from tensorflow.keras import regularizers
from sklearn.metrics import r2_score

diabetes = datasets.load_diabetes()
x_train, x_test, y_train, y_test = train_test_split(
    diabetes.data, diabetes.target, test_size=0.3,
    random_state=420)
```

10.6.2 分析计算

首先应用公式 (10.2)，利用 numpy 的矩阵运算能力，计算线性回归的参数。

```
x1_train=np.insert(x_train, 0, 1, axis=1)
#在每个特征向量 x 前增加元素 1
XTX=np.dot(x1_train.T, x1_train)
w=np.dot(np.dot(np.linalg.inv(XTX),x1_train.T),y_train)
print("w=",w[1:])
print("b=",w[0])
```

10.6.3 Keras 实现线性回归

用 Keras 建立一个单层网络实现线性回归计算。并非任何一个优化器都可以得到好的训练结果，实验中可以尝试不同的优化器。将训练出的模型参数与分析方法的参数结果进行对比，来观察训练是否成功。

```
1  model = Sequential()
2  model.add(Dense(input_dim=x_train.shape[1], units=1,
3                  kernel_regularizer = None))
4  model.compile(loss='mse',
5                optimizer=optimizers.RMSprop(lr=0.1))
6  for epoch in range(15000):
7      cost = model.train_on_batch(x_train, y_train)
8      if epoch % 1000 == 0:
9          print("epoch %d, cost: %f" % (epoch, cost))
10
11 w, b = model.layers[0].get_weights()
12 print('Weights=', w, '\nbiases=', b)
```

10.6.4 拟合程度的评价

观察线性回归在训练集和测试集上的分数 r2_score（分数小于 1），分析模型的拟合性能。分数越接近 1 说明拟合程度越好。

```
1  print(r2_score(y_train, model.predict(x_train))
2  print(r2_score(y_test, model.predict(x_test))
```

10.6.5 正则化

为提高线性回归的拟合性能，引入正则化，如公式 (10.3) 和公式 (10.4) 所示。实验中直接修改 dense 层的 kernel_regularizer 参数即可实现。

- Ridge 回归：修改 kernel_regularizer = regularizers.l2(0.01)。
- Lasso 回归：修改 kernel_regularizer = regularizers.l1(0.1)。

计算 Ridge 回归和 Lasso 回归的 r2_score，分析模型性能的差异。

10.7 实验报告要求

实验报告须包含实验任务、实验平台、实验原理、实验步骤、实验数据记录、实验结果分析和实验结论等部分，特别是以下重点内容。

（1）观察线性回归、Ridge 回归、Lasso 回归在训练集上的损失函数的收敛情况，绘制收敛曲线。

（2）计算线性回归、Ridge 回归、Lasso 回归在训练集和测试集上的 r2_score，分析 r2_score 差异的原因。

（3）调整 Ridge 回归、Lasso 回归的 kernel_regularizer 的正则化率，分析其性能表现。

（4）观察每个方法所学习到的参数 w，分析糖尿病病情未来发展对病人各指标特征的依赖性。

（5）分析 Lasso 方法的特点和优势。

10.8　考核要求与方法

实验总分 100 分，通过实验报告进行考核，标准有如下 3 点。

（1）报告的规范性 10 分。报告中的术语、格式、图表、数据、公式、标注及参考文献是否符合规范要求。

（2）报告的严谨性 40 分。结构是否严谨，论述的层次是否清晰，逻辑是否合理，语言是否准确。

（3）实验的充分性 50 分。实验是否包含"实验报告要求"部分的 5 个重点内容，数据是否合理，是否有创新性成果或独立见解。

10.9　案例特色或创新

本实验的特色在于：建立糖尿病病情未来发展情况与患者当前病情之间的线性回归模型，该模型能展示病情发展的关键性指标，支持对病情的发展进行预测。实验分别比较了三种线性回归的方案，帮助学生分析其优缺点，培养学生对线性回归工具的应用能力。最后，培养学生熟悉应用 Keras 进行线性回归计算，提高研究和工作效率。

第11章

线性分类：乳腺癌诊断

11.1　教　学　目　标

（1）学习线性分类模型的理论基础，能够应用硬阈值线性分类方法和 Logistic 线性分类方法进行分类计算。

（2）能够应用深度学习平台建立线性分类模型，并进行模型的分析和评价。

（3）提高学生对人工智能领域的复杂问题的建模能力和分析能力。

11.2　实验内容与任务

乳腺癌数据集 breast_cancer 的原型是一组病灶造影图像，数据集提供者从每张图像中提取了 30 个特征，一共 569 个样本，其中阳性样本 357，阴性样本 212。

现要求通过 breast_cancer 数据集，建立乳腺癌分类的硬阈值线性分类及 Logistic 线性分类模型。

11.3　实验过程及要求

（1）实验环境要求：Windows/Linux 操作系统，Python 编译环境，numpy、sklearn、Keras 软件包。

（2）需要下载乳腺癌数据集 breast_cancer，并了解该数据集的特点，观察数据。

（3）理解 Logistic 分类的原理，学习 Logistic 分类的正则化方法。

（4）应用硬阈值方法对乳腺癌数据集进行线性分类计算。

（5）应用 Keras 建立 Logistic 线性分类模型，并与硬阈值方法的结果进行比较。

（6）实现 Logistic 线性分类的正则化，并研究其性能。

（7）撰写实验报告。

11.4　相关知识及背景

机器学习中，如果需要处理的数据集 (X, Y) 中，目标值 Y 是离散的，称其为分类任务。如果目标只有两个值，则是二分类。以线性函数作为空间的分界面，可以实现二分类。

以线性函数分类的方法参数较少，训练和预测比较方便。可以用硬阈值方法，也可用 Logistic 线性分类，它们都适合决策边界本身是线性的问题，学习到的参数也可反映自变量属性对因变量的重要程度。

线性分类器广泛应用于医学、营销、调查分析、信用评分等领域。

11.5　实验教学与指导

本次实验主要处理二分类问题。假设包含 N 个样例的训练数据集用 $(x_1, y_1, x_2, y_2, \cdots, x_N, y_N)$ 表示，其中每个样例向量 $\boldsymbol{x}_i$ 包含 k 个特征，即 $\boldsymbol{x}_i = (x_i^1, x_i^2, \cdots, x_i^k)$，$y_i$ 是样例数据的目标属性。对于二分类问题，y_i 是 0 或者 1。

11.5.1　硬阈值线性分类

假定有一个线性分界面 $\boldsymbol{w}\boldsymbol{x}^{\mathrm{T}} + b = 0$，现假设 y_i 值为 0 和 1 的数据刚好在分界面的两边（称数据集线性可分），用于建立 y_i 和 $\boldsymbol{x}_i$ 之间关系的函数 $h(\boldsymbol{x})$ 为

$$h(\boldsymbol{x}) = \mathrm{Threshold}(\boldsymbol{w}\boldsymbol{x}^{\mathrm{T}} + b) \tag{11.1}$$

如图 11.1（a）所示，由于函数只有 2 个值，其梯度大部分时间为 0，其他地方不可微，所以不适用梯度下降法来求解 $\boldsymbol{w}$。此时可以应用"感知机学习规则"，即

$$\begin{cases} \boldsymbol{w} = \boldsymbol{w} + \alpha(y_i - h(\boldsymbol{x}_i))\boldsymbol{x}_i \\ b = b + \alpha(y_i - h(\boldsymbol{x}_i)) \end{cases} \tag{11.2}$$

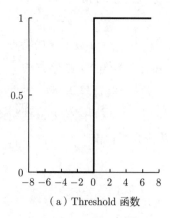
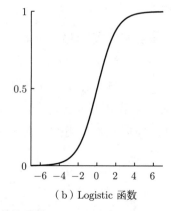

（a）Threshold 函数　　　（b）Logistic 函数

图 11.1　线性函数

其中，α 是学习率。实践表明，当数据集本身不是线性可分时，感知机学习规则也很难使得分类误差收敛。规定学习率随着迭代减小，对收敛性有一定帮助，但是难以找到最小误差的参数 w。

11.5.2　Logistic 分类

数据不是线性可分时，硬阈值线性函数用感知器学习有不收敛的风险；另外输出的目标值不是 0 或者 1，而是 0 或 1 的概率在实际应用中更可接受。Logistic 分类通过用图 11.1（b）的 Logistic 函数代替 Threshold 函数，定义 $h(\boldsymbol{x}) = \sigma(\boldsymbol{w}\boldsymbol{x}^{\mathrm{T}} + b)$ 解决了这个问题。Logistic 函数的表达式为

$$\sigma(z) = \frac{1}{1 + \mathrm{e}^{-z}}$$

其导数为

$$\frac{\mathrm{d}\sigma}{\mathrm{d}z} = \frac{-(-\mathrm{e}^{-z})}{(1 + \mathrm{e}^{-z})^2} = \sigma(z)(1 - \sigma(z))$$

Logistic 分类使用平方损失函数，即

$$\mathrm{loss}(h) = \sum_{i=1}^{N}(h(\boldsymbol{x}_i) - y_i)^2$$

可以使用梯度下降法来训练 $\boldsymbol{w}$ 的值，即

$$\frac{\mathrm{dloss}}{\mathrm{d}\boldsymbol{w}_k} = 2\sum_{i=1}^{N}(h(\boldsymbol{x}_i) - y_i)h(\boldsymbol{x}_i)(1 - h(\boldsymbol{x}_i))\boldsymbol{x}_i \tag{11.3}$$

Logistic 分类在数据含有噪声，或者并不是线性可分时，能更快更稳定地收敛到误差最小的 $\boldsymbol{w}$ 上。为了避免 Logistic 分类造成过拟合，也可以对损失函数加以正则化。如

$$\mathrm{loss}(h) = \sum_{i=1}^{N}(h(\boldsymbol{x}_i) - y_i)^2 + \lambda\sum_{i=1}^{k}\boldsymbol{w}_i^2 \tag{11.4}$$

或者

$$\mathrm{loss}(h) = \sum_{i=1}^{N}(h(\boldsymbol{x}_i) - y_i)^2 + \lambda\sum_{i=1}^{k}|\boldsymbol{w}_i| \tag{11.5}$$

11.6　实验原理及方案

Keras 是一个深度学习平台。因为 Logistic 分类可以看作一层神经网络，可以用 Keras 实现分类计算。

11.6.1 数据加载

通过 sklearn 包加载 breast_cancer 数据，并按 7:3 划分成训练集和测试集。

```python
from sklearn import datasets
from sklearn.model_selection import train_test_split
from sklearn.metrics import r2_score
from sklearn.metrics import accuracy_score
import numpy as np
from tensorflow.keras.models import Sequential
from tensorflow.keras.layers import Dense, Activation
from tensorflow.keras import optimizers
from tensorflow.keras import regularizers

breast_cancer = datasets.load_breast_cancer()
x_train, x_test, y_train, y_test = train_test_split(
    breast_cancer.data,
    breast_cancer.target,
    test_size=0.3,
    random_state=420)

```

11.6.2 硬阈值线性分类

先应用感知机学习规则，学习硬阈值线性分类的参数。

```python
def threshold(x, d):                               # 硬阈值函数
    return [1 if xi>d else 0 for xi in x]

def fit(x,y,LearningRate,epoches,w,b):             # 训练函数
    for step in range(epoches):
        for i in range(x.shape[0]):
            h= threshold(np.dot(w,x[i])+b,0)
            w=w+LearningRate*(y[i]-h)*x[i]          # 感知机规则
            b=b+LearningRate*(y[i]-h)
    return w,b

def predict(x):                                    # 分类函数
    return threshold(np.dot(x,w)+b, 0)

w=np.random.random(x_train.shape[1])               #w、b 随机初始化
b=np.random.random(1)

```

```
18 w,b=fit(x_train,y_train,0.001,2000,w,b)          # 训练 w、b
19 pred_train=predict(x_train)
20 pred_test=predict(x_test)
21 print(accuracy_score(y_train,pred_train))
22 print(accuracy_score(y_test,pred_test))
```

11.6.3 Logistic 分类计算

使用公式 (11.5) 定义的正则化，用 Keras 建立一个单层网络实现 Logistic 分类计算。

```
1  model = Sequential()
2  model.add(Dense(input_dim=x_train.shape[1],
3                  units=1,
4                  activation='sigmoid',
5                  kernel_regularizer=regularizers.l1(0.2)))
6  op = optimizers.RMSprop(learning_rate=0.0001)
7  model.compile(loss='mse', optimizer=op)
8
9  for epoch in range(20000):
10     cost = model.train_on_batch(x_train, y_train)
11     if epoch % 1000 == 0:
12         print("epoch %d, cost: %f" % (epoch, cost))
13
14 pred_train=threshold(model.predict(x_train),0.5)
15 pred_test=threshold(model.predict(x_test),0.5)
16 print(accuracy_score(y_train,pred_train))
17 print(accuracy_score(y_test,pred_test))
```

11.7 实验报告要求

实验报告须包含实验任务、实验平台、实验原理、实验步骤、实验数据记录、实验结果分析和实验结论等部分，特别是以下重点内容。

（1）观察硬阈值线性分类和 Logistic 线性分类在训练集上 Loss 的收敛情况，绘制收敛曲线。

（2）观察并比较两个线性分类方法的准确度（accuracy）、混淆矩阵。

（3）观察每个方法所学习到的参数 w，分析各特征项对乳腺癌诊断的重要性。

（4）分析 Logistic 分类方法的特点和优势。

11.8　考核要求与方法

实验总分 100 分，通过实验报告进行考核，标准有如下 3 点。

（1）报告的规范性 10 分。报告中的术语、格式、图表、数据、公式、标注及参考文献是否符合规范要求。

（2）报告的严谨性 40 分。结构是否严谨，论述的层次是否清晰，逻辑是否合理，语言是否准确。

（3）实验的充分性 50 分。实验是否包含"实验报告要求"部分的 4 个重点内容，数据是否合理，是否有创新性成果或独立见解。

11.9　案例特色或创新

本实验的特色在于：建立乳腺癌诊断的线性模型，能展示疾病诊断的关键性指标。实验分别比较了硬阈值线性分类和 Logistic 线性分类的方案，指导学生分析其优缺点，培养学生对线性分类工具的应用和评价能力。最后，培养学生熟悉应用 Keras 进行 Logistic 线性分类计算，提高研究和工作效率。

第12章

非参数学习方法KNN：病情诊断与预测

12.1 教学目标

（1）学习 KNN 回归与 KNN 分类的原理，了解其优势和适用条件。

（2）能够使用 sklearn 软件包对 KNN 方法进行回归和分类计算，并完成对 KNN 模型的性能分析和评价。

（3）提高学生对人工智能领域的复杂问题的建模能力和分析能力。

12.2 实验内容与任务

KNN 的思路可以用在回归和分类上，本次实验任务要求在乳腺癌数据集 breast_cancer 上实现 KNN 分类，在糖尿病数据集 diabetes 上实现 KNN 回归。这两个数据集的描述参见第 10 章和第 11 章。

12.3 实验过程及要求

（1）实验环境要求：Windows/Linux 操作系统，Python 编译环境，numpy、sklearn 软件包。

（2）理解 KNN 的原理和特点。

（3）应用 KNN 回归方法对糖尿病数据集进行回归计算，应用 KNN 分类方法对乳腺癌数据集进行分类计算。

（4）分别与线性回归和 Logistic 分类的结果进行比较。

（5）撰写实验报告。

12.4 相关知识及背景

第 10 章和第 11 章的线性回归和线性分类方法，在模型参数训练完成后，使用模型进行预测时不再需要训练数据，属于参数型方法。

机器学习有一个平滑性假设：一个映射 $y = f(x)$，如果自变量空间的两个点 x_1 和 x_2 很近，则对应的函数值 y_1 和 y_2 也很近。KNN 方法便是基于这个假设，对于一个 x，在训练数据中寻找与 x 最相似的几个点，用它们的 y 值来得到 x 的 y 值。KNN 方法没有参数，不需要训练，但是预测时需要用到所有的训练数据，属于非参数方法。

12.5   实验教学与指导

12.5.1   KNN 分类和回归

假设包含 N 个样例的训练数据集用 $(x_1, y_1, x_2, y_2, \cdots, x_N, y_N)$ 表示，其中每个样例向量 $\boldsymbol{x}_i$ 包含 m 个特征，即 $\boldsymbol{x}_i = (x_i^1, x_i^2, \cdots, x_i^m)$，$y_i$ 是样例数据的目标属性。对于分类问题，y_i 是离散值。对于回归问题，y_i 是连续值。

对于一个新的 x，KNN 方法在数据集中寻找 x 的 k 个最近的邻点集合记为 $X(x, k) = (x_{p_1}, x_{p_2}, \cdots, x_{p_k})$，$X(x, k)$ 对应的 y 值的集合记为 $Y(x, k) = (y_{p_1}, y_{p_2}, \cdots, y_{p_k})$。

在 KNN 分类中，将 x 的类别预测为 $y = \mathrm{Vote}(Y(x, k))$，其中 Vote 函数取集合 $Y(x, k)$ 中出现次数最多的元素。

在 KNN 回归中，将 x 对应的 y 值预测为均值 $y = \mathrm{Mean}(Y(x, k))$ 或者中位数 $y = \mathrm{Med}(Y(x, k))$。

12.5.2   距离与维度

为了衡量最近邻，需要定义距离，一般适用 Minkowsky 距离，即

$$\mathrm{Dist}(\boldsymbol{x}_i, \boldsymbol{x}_j) = \left(\sum_{t=1}^{m} |\boldsymbol{x}_i^t - \boldsymbol{x}_j^t|^p \right)^{1/p} \tag{12.1}$$

其中，$p = 2$ 时为欧氏距离；$p = 1$ 时为曼哈顿距离。在 KNN 中，如果 x 的维度较低，则容易找到 k 个较近的邻居。但是对于高维度问题，如，在 200 维时，k 个最近的邻居距离可能相当远，从而用它们的 y 值拟合 x 的目标值则不太合适，这种现象被称为维度灾难。

12.5.3   算法时间性能

计算 x 的最近邻时，简单的处理方法是先计算出 x 到所有训练样本的距离，再取最小的 k 个，时间是 $O(N)$。如果 N 很大，这是非常大的开销。用 k-d 树的结构，可以把查询最近邻的时间缩小到 $O(\log(N))$。下面是 k-d 树的构造算法。

（1）评估数据集在每个维度上的分布情况，找到样本方差最大维度 t。

（2）在数据集 X 中，在维度 t 上的取中位点 x，并根据 x^t 的值作分界，将 X 划分为两个子集 X_L 和 X_R。

（3）以 x 为 k-d 树的根。对 X_L 和 X_R 递归建立 k-d 子树，作为 x 的左右子树。

如图 12.1（a）所示，二维空间有 6 个点，先找横轴方向上的中位点 F，通过竖分界线将点集分为两部分，然后左右两边继续划分。这个过程构建的 k-d 树是如图 12.1（b）所示的平衡二叉树。

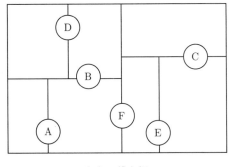
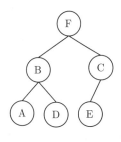

（a）二维空间　　　　　　　　　　（b）平衡二叉树

图 12.1　k-d 树模型

查询一个新的数据点 x 的 k 个最近邻居时，从根结点开始，如果 x 落入左子树，则很有可能在左子树中能找到 k 个最近邻，从而避免访问右子树。也许有最近邻出现在右边，那么需要根据 x 到边界线的距离进行判断，并访问右子树。在样例数目 N 很大的时候，访问两个子树的可能性非常小，故用 k-d 树查询 k 近邻的性能为 $O(\log(n))$。

12.6　实验原理及方案

12.6.1　KNN 分类

1. 加载乳腺癌数据集，按 7 : 3 划分训练集和测试集

```
1 from sklearn import datasets
2 from sklearn.model_selection import train_test_split
3 from sklearn.neighbors import KDTree
4 from sklearn.neighbors import KNeighborsClassifier
5 from sklearn.neighbors import KNeighborsRegressor
6 from sklearn.metrics import r2_score
7 from sklearn.metrics import accuracy_score,confusion_matrix
8 import numpy as np
9 from collections import Counter
10
```

```
11  breast_cancer = datasets.load_breast_cancer()
12  x_train, x_test, y_train, y_test = train_test_split(
13      breast_cancer.data, breast_cancer.target, test_size=0.3,
14      random_state=420)
```

2. 直接应用 KNN 分类器，设置近邻个数为 5

```
1  knn_c = KNeighborsClassifier(n_neighbors=5)
2  knn_c.fit(x_train,y_train)
3  pred = knn.predict(x_test)
4  print(accuracy_score(y_test,pred))
```

3. 应用 k-d 树实现 KNN 分类

```
1  def vot(y):
2      c=Counter(y)
3      return max(c, key=c.get)
4
5  tree = KDTree(x_train)
6  dist, ind = tree.query(x_test, k=5)
7  pred=[vot(y_train[v]) for v in ind]
8  print(accuracy_score(y_test,pred))
```

12.6.2   KNN 回归

1. 加载糖尿病数据集，按 7：3 划分训练集和测试集

```
1  diabetes = datasets.load_diabetes()
2  x_train, x_test, y_train, y_test = train_test_split(
3      diabetes.data, diabetes.target, test_size=0.3,
4      random_state=420)
```

2. 直接应用 KNN 回归，设置近邻个数为 10

```
1  k = 10
2  knn_r = KNeighborsRegressor(k)
3  knn_r.fit(x_train,y_train)
4  pred=knn_r.predict(x_test)
5  print(r2_score(y_test, pred))
```

3. 应用 k-d 树实现 KNN 回归

```
tree = KDTree(x_train)
dist, ind = tree.query(x_test, k=10)
pred=[np.mean(y_train[v]) for v in ind]
print(r2_score(y_test,pred))
```

12.7　实验报告要求

实验报告须包含实验任务、实验平台、实验原理、实验步骤、实验数据记录、实验结果分析和实验结论等部分，特别是以下重点内容。

（1）调整 KNeighborsClassifier、KNeighborsRegressor、KDTree 的参数，分析参数对分类和回归精度的影响。

（2）对比 KNN 方法与线性分类和线性回归方法的结果和性能。

12.8　考核要求与方法

实验总分 100 分，通过实验报告进行考核，标准有如下 3 点。

（1）报告的规范性 10 分。报告中的术语、格式、图表、数据、公式、标注及参考文献是否符合规范要求。

（2）报告的严谨性 40 分。结构是否严谨，论述的层次是否清晰，逻辑是否合理，语言是否准确。

（3）实验的充分性 50 分。实验是否包含"实验报告要求"部分的 2 个重点内容，数据是否合理，是否有创新性成果或独立见解。

12.9　案例特色或创新

本实验的特色在于：实现了 KNN 分类和回归，并与线性分类和线性回归进行比较分析，让学生了解 KNN 分类和回归的适用条件和优缺点。培养学生熟悉应用 sklearn 平台，提高研究和工作效率。

第 13 章

支持向量机：乳腺癌诊断

13.1 教 学 目 标

（1）学习 SVM 的原理，了解其优势和适用条件。

（2）能够应用 Keras 实现 SVM 模型，并能进行模型的训练和评估。

（3）提高学生对人工智能领域的复杂问题的建模能力和分析能力。

13.2 实验内容与任务

本章要求通过乳腺癌数据集 breast_cancer，建立支持向量机（Support Vector Machine，SVM）分类模型。

13.3 实验过程及要求

（1）实验环境要求：Windows/Linux 操作系统，Python 编译环境，numpy、sklearn、Keras 软件包。

（2）下载 breast_cancer 数据集，并了解数据集的特点，观察数据。

（3）学习 SVM 分类器的原理。

（4）应用 Keras 实现 SVM 模型，并对乳腺癌数据集进行分类计算。

（5）与 Logistic 分类等其他分类方法的结果进行比较。

（6）撰写实验报告。

13.4 相关知识及背景

线性回归或 Logistic 线性分类方法，其训练目标是训练集上的误差最小，每个训练样本都对最后的模型做了贡献。在模型参数训练完成后，进行预测时不再需要训练数据，属于参数型方法。SVM 也是一种线性分类器，但是以提高模型的泛化能力为目标，其分界面最大程度地隔离正负例，从而降低新样本错分的风险。在模型结果中，只有少量的训练样本（支持向量）对模型有贡献。传统的 SVM 采用求解二次规划的方案，目前随着神经网络平台的发展，对训练线性分类器提供了很大的方便。本实验应用 Keras 实现 SVM 模型，并完成训练和评估。

13.5　实验教学与指导

13.5.1　最大分离间隔

如图 13.1 所示，假设数据集线性可分，有一个分界面往正例平移直到抵达某些正例元素（支持向量），称该平面为正例支持面，假设其方程为 $\boldsymbol{w}_1\boldsymbol{x}+b_1=0$（为了表示方便，本实验中两个向量的点乘 $\boldsymbol{w}_1\boldsymbol{x}^{\mathrm{T}}$ 直接写为 $\boldsymbol{w}_1\boldsymbol{x}$）。再向反方向平移可以得到负例的支持平面，假设其方程为 $\boldsymbol{w}_1\boldsymbol{x}+b_1=a$。在这两个方程上乘以一个值 $k\left(k=-\dfrac{2}{a}\right)$，则正例支持面和负例支持面分别为 $k\boldsymbol{w}_1\boldsymbol{x}+\dfrac{a-2b_1}{a}=1$ 和 $k\boldsymbol{w}_1\boldsymbol{x}+\dfrac{a-2b_1}{a}=-1$。令 $\boldsymbol{w}=k\boldsymbol{w}_1,b=\dfrac{a-2b_1}{a}$，则这两个支持面最终表示为 $\boldsymbol{w}\boldsymbol{x}+b=1$ 和 $\boldsymbol{w}\boldsymbol{x}+b=-1$。此时居中的分界面为 $\boldsymbol{w}\boldsymbol{x}+b=0$。

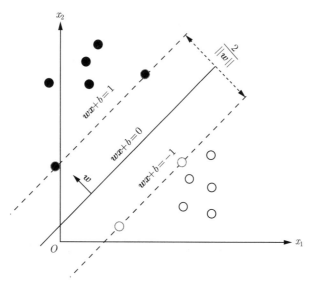

图 13.1　SVM 的分离间隔

定义分离间隔为正负例支持面之间的距离，$r=\dfrac{2}{\|\boldsymbol{w}\|}$。SVM 学习的基本思想是求解 w,b，使得分离间隔最大。因此构造一个约束优化问题：

$$\min_{\boldsymbol{w},b}\frac{1}{2}\|\boldsymbol{w}\|^2$$
$$\text{s.t.}\quad y_i(\boldsymbol{w}\boldsymbol{x}_i+b)\geqslant 1,i=1,2,\cdots,N \tag{13.1}$$

13.5.2 传统优化过程及意义

为求解公式 (13.1)，定义拉格朗日函数为

$$L(\boldsymbol{w}, b, \alpha) = \frac{1}{2}\|\boldsymbol{w}\|^2 - \sum_{i=1}^{N} \boldsymbol{\alpha}_i(y_i(\boldsymbol{w}\boldsymbol{x}_i + b) - 1) \tag{13.2}$$

其中：$\boldsymbol{\alpha}_i \geqslant 0$。先考虑 $\max_{\boldsymbol{\alpha}_i \geqslant 0} L(\boldsymbol{w}, b, \boldsymbol{\alpha})$，可知当 $\boldsymbol{x}_i, y_i$ 全部满足约束条件时 $\max_{\boldsymbol{\alpha}_i \geqslant 0} L(\boldsymbol{w}, b, \boldsymbol{\alpha}) = \frac{1}{2}\|\boldsymbol{w}\|^2$，否则 $\max_{\boldsymbol{\alpha}_i \geqslant 0} L(\boldsymbol{w}, b, \boldsymbol{\alpha}) = \infty$，因此原优化问题可以等价于求解

$$\min_{\boldsymbol{w}, b} \max_{\boldsymbol{\alpha}_i \geqslant 0} L(\boldsymbol{w}, b, \boldsymbol{\alpha}) \tag{13.3}$$

当满足 KKT 条件

$$\begin{cases} \boldsymbol{\alpha}_i \geqslant 0 \\ y_i(\boldsymbol{w}\boldsymbol{x}_i + b) - 1 \geqslant 0 \\ \boldsymbol{\alpha}_i(y_i(\boldsymbol{w}\boldsymbol{x}_i + b) - 1) = 0 \end{cases} \tag{13.4}$$

可以通过对偶问题求解

$$\max_{\boldsymbol{\alpha}_i \geqslant 0} \min_{\boldsymbol{w}, b} L(\boldsymbol{w}, b, \boldsymbol{\alpha}) \tag{13.5}$$

先计算 min 部分, 令其偏导为 0, 可以得到

$$\boldsymbol{w} = \sum_{i=1}^{N} \boldsymbol{\alpha}_i y_i \boldsymbol{x}_i$$
$$\sum_{i=1}^{N} \boldsymbol{\alpha}_i y_i = 0 \tag{13.6}$$

从而问题变为需要求解

$$\max_{\boldsymbol{\alpha}} -\frac{1}{2}\sum_{i=1}^{N}\sum_{j=1}^{N} \boldsymbol{\alpha}_i \boldsymbol{\alpha}_j (\boldsymbol{x}_i \boldsymbol{x}_j) + \sum_{i=1}^{N} \boldsymbol{\alpha}_i \tag{13.7}$$

解公式 (13.7) 得到 α。由 KKT 条件可知满足 $\boldsymbol{\alpha}_i > 0$ 时，$y_i(\boldsymbol{w}\boldsymbol{x}_i + b) - 1 = 0$，即 $\boldsymbol{x}_i$ 是支持向量。而对非支持向量 $\boldsymbol{\alpha}_i = 0$。根据公式 (13.6) 可计算 $\boldsymbol{w}$，可以看到最后的模型参数 $\boldsymbol{w}$ 仅由少量支持向量构成。利用 $\boldsymbol{w}$ 和一个支持向量 $\boldsymbol{x}_i$，可以计算 $b = y_i - \boldsymbol{w}\boldsymbol{x}_i$。

13.5.3 松弛问题

在线性不可分时，可以允许某些点不满足约束 $y_i(\boldsymbol{w}\boldsymbol{x}_i + b) \geqslant 1$，将原优化问题的约束条件修改为 $y_i(\boldsymbol{w}\boldsymbol{x}_i + b) \geqslant 1 - \xi_i$, $\xi_i \geqslant 0$。同时希望松弛量尽量小，因此修改优化模

型为

$$\min_{\boldsymbol{w},b,\xi} \frac{1}{2}\|\boldsymbol{w}\|^2 + C\sum_{i=1}^{N}\xi_i \tag{13.8}$$

$$\text{s.t.}\quad y_i(\boldsymbol{w}\boldsymbol{x}_i + b) \geqslant 1 - \xi_i, \xi_i \geqslant 0, i = 1, 2, \cdots, N$$

其中：C 为惩罚因子。公式 (13.8) 还可以直接表示成无约束的方式，即

$$\min_{\boldsymbol{w},b} \frac{1}{2}\|\boldsymbol{w}\|^2 + C\sum_{i=1}^{N}\max(0, 1 - y_i(\boldsymbol{w}\boldsymbol{x}_i + b)) \tag{13.9}$$

13.5.4　特征变换与核函数

对应不可分的特征数据 x，可以先进行特征变换。例如，把它变成更高维的数据 $F(x)$，在高维空间中，这些新的特征数据可能线性可分。在公式 (13.7) 中会出现 $F(\boldsymbol{x}_i)F(\boldsymbol{x}_j)$，经常会发现 $F(\boldsymbol{x}_i)F(\boldsymbol{x}_j)$ 是 $\boldsymbol{x}_i\boldsymbol{x}_j$ 的函数，则可以省去特征变换的计算量。称直接给出的 $F(\boldsymbol{x}_i)F(\boldsymbol{x}_j) = K(\boldsymbol{x}_i, \boldsymbol{x}_j)$ 函数为核函数。常用的核函数有线性核函数 $k(\boldsymbol{x}_i, \boldsymbol{x}_j) = \boldsymbol{x}_i\boldsymbol{x}_j$，多项式核函数 $k(\boldsymbol{x}_i, \boldsymbol{x}_j) = (\boldsymbol{x}_i\boldsymbol{x}_j + a)^d$，RBF 核函数 $k(\boldsymbol{x}_i, \boldsymbol{x}_j) = \exp\left(\dfrac{\|\boldsymbol{x}_i - \boldsymbol{x}_j\|^2}{2\sigma^2}\right)$ 等。

13.5.5　现代观点

由于 SVM 是一个线性的分类器，可以用神经网络的视角来观察公式 (13.9)。该公式的第二部分中，$\boldsymbol{w}\boldsymbol{x}_i + b$ 可以看作一个网络层输出，$\text{Loss} = \max(0, 1 - y_i(\boldsymbol{w}\boldsymbol{x}_i + b))$ 称为 Hinge 损失函数，把第一部分 $\dfrac{1}{2}\|\boldsymbol{w}\|^2$ 看作一个 L2 正则化处理。从而，SVM 可以用一个单层的神经网络实现。如果用核函数进行特征变换，相当于添加低的网络层。

从 SVM 模型看，正则化处理以限制权值，实质上是增大分界面与样本之间的间隔，起到了加强泛化能力的作用。

13.6　实验原理及方案

本实验应用 13.5.5 节提出的方式，用 Keras 来实现 SVM 模型。

13.6.1　加载乳腺癌数据集，按 7∶3 划分训练集和测试集

```python
import numpy as np
from sklearn import datasets
from sklearn.model_selection import train_test_split
from sklearn.metrics import accuracy_score,confusion_matrix
from tensorflow.keras.models import Sequential
from tensorflow.keras.layers import Dense, Activation
```

```
7 from tensorflow.keras import optimizers
8 from tensorflow.keras import regularizers
9 from tensorflow.keras import backend as K
10
11 breast_cancer = datasets.load_breast_cancer()
12 x_train, x_test, y_train, y_test = train_test_split(breast_cancer.data,
        breast_cancer.target, test_size=0.3, random_state=420)
```

13.6.2　自定义 Loss 函数

```
1 def Loss(y_true, y_pred):    # Hinge loss
2     y_true = 2.0 * float(y_true) - 1.0
3     v=K.maximum(1.0-y_true*y_pred, 0.0)
4     v=K.sum(v,1,keepdims=False)
5     v=K.mean(v, axis=-1)
6     return 10.0*v
```

13.6.3　建立神经网络模型并训练

```
1 model = Sequential()
2 model.add(Dense(input_dim=x_train.shape[1],
3                 units=1,
4                 activation='linear',
5                 kernel_regularizer=regularizers.l2(0.5)))
6 op= optimizers.RMSprop(learning_rate=0.0001)
7 model.compile(loss=Loss, optimizer=op)
8
9 for epoch in range(10000):
10    cost = model.train_on_batch(x_train, y_train)
11    if epoch % 1000 == 0:
12        print("epoch % d, cost: %f" % (epoch, cost))
```

13.6.4　评估模型

```
1 def threshold(x,d):
2     return [1 if xi>d else 0 for xi in x]
3 pred_train=threshold(model.predict(x_train),0)
4 pred_test=threshold(model.predict(x_test),0)
5 print(accuracy_score(y_train,pred_train))
6 print(accuracy_score(y_test,pred_test))
```

13.7　实验报告要求

实验报告须包含实验任务、实验平台、实验原理、实验步骤、实验数据记录、实验结果分析和实验结论等部分，特别是以下重点内容。

（1）观察 SVM 模型在训练集上 Loss 的收敛情况，绘制收敛曲线。

（2）使用不同的正则化系数，记录并分析 SVM 分类器的性能。

（3）与 Logistic 分类方法的结果进行比较，讨论 SVM 的分类能力和适应情形。

13.8　考核要求与方法

实验总分 100 分，通过实验报告进行考核，标准有如下 3 点。

（1）报告的规范性 10 分。报告中的术语、格式、图表、数据、公式、标注及参考文献是否符合规范要求。

（2）报告的严谨性 40 分。结构是否严谨，论述的层次是否清晰，逻辑是否合理，语言是否准确。

（3）实验的充分性 50 分。实验是否包含“实验报告要求”部分的 3 个重点内容，数据是否合理，是否有创新性成果或独立见解。

13.9　案例特色或创新

本实验的特色在于：建立乳腺癌诊断的 SVM 模型，能展示疾病诊断的关键性指标。实验详细讨论了 SVM 方案，分析其优缺点，培养学生对线性分类工具的应用和评价能力。最后，培养学生熟悉 Keras，提高研究和工作效率。

第 14 章

Adaboost集成学习：红酒分类

14.1 教 学 目 标

（1）学习集成学习的原理，了解其优势和适用条件。

（2）能够实现 Adaboost 算法，并能对 Adaboost 算法进行训练和评估。

（3）提高学生对人工智能领域的复杂问题的建模能力和分析能力。

14.2 实验内容与任务

wine 是一个有 178 个红酒样例的数据集，这些样例分别属于 3 个类别 0,1,2，每个样例具有 13 种属性，分别是 alcohol, malic acid, ash, alcalinity of ash, magnesium, total phenols, flavanoids, nonflavanoid phenols, proanthocyanins, color intensity, hue, od280/od315 of diluted wines, proline。使用这个数据集，应用决策树为基本分类器，采用 Adaboost 技术, 来实现多个决策树模型的集成。

14.3 实验过程及要求

（1）实验环境要求：Windows/Linux 操作系统，Python 编译环境，numpy、sklearn 软件包。

（2）复习决策树分类器的原理，学习集成学习及 Adaboost 方法原理。

（3）基于 sklearn 包提供的决策树模型实现 Adaboost，对 wine 数据集进行分类计算。

（4）分析 Adaboost 的结果。

（5）撰写实验报告。

14.4 相关知识及背景

模型的集成可以用在分类，也可以用在回归，但本实验只讨论分类模型的集成。单个分类器也许性能有限，但同时使用多个性能一般的分类器（弱分类器），由它们进行投票决定输入数据的类别，可以得到一个性能较好的分类器（强分类器），这个方法称为集成学习。从概率论的角度看，一个分类器会犯错误，但多个分类器同时犯错误的概率很小。

Adaboost 算法是集成学习中最成功的代表，被评为数据挖掘十大算法之一。Adaboost 算法是通过调整样本权值和弱分类器权值，由训练出的弱分类器组合成一个最终的强分类器。Adaboost 算法的弱点是要训练多个弱分类器，因而需要较多的训练时间。

14.5　实验教学与指导

假设包含 N 个样例的训练数据集用 (X, Y) 表示，其中 $\boldsymbol{X} = (x_1, x_2, \cdots, x_N)$ 表示 N 个样例的特征向量, $Y = (y_1, y_2, \cdots, y_n)$ 表示 N 个样例的目标属性。

14.5.1　样本加权

在机器学习中，如果每个样本数据的错误预测带来的损失赋予一个权值，则最终的损失函数是一个加权和。通过加权的损失函数训练出的机器学习模型，将会倾向于正确处理权值较大样本数据。因此目前各种机器学习算法，将 N 个样本的权值向量 $\boldsymbol{W} = (w_1, w_2, \cdots, w_N)$ 也作为一个训练的输入。例如，在 sklearn 的各种机器学习算法中，fit 方法的参数一般是 fit(X, Y, sample_weight=W)。

14.5.2　分类器加权

假设包含 K 个弱分类器的集合 $M = (m_1, m_2, \cdots, m_K)$，一共有 C 个类别。对一个样本输入数据 x 进行预测时，各分类器对它预测的类别投出一票，最后分别统计每个类别的得票之和得到向量 $\boldsymbol{S} = (s_1, s_2, \cdots, s_C)$。普通投票方案最后的预测结果是票数最多的类 $\mathrm{label}(x) = \mathrm{index}(\max(\boldsymbol{S}))$。

如果每个分类器 m_k 有个权值 z_k，规定它投出的一票只能算是 z_k 票（如 0.5 票），采用这种方式来计票并按权和最多的类别为预测结果的投票方案称为加权投票。

14.5.3　Adaboost 分类算法

初始化时假设每个样本的权值都为 $\dfrac{1}{N}$。Adaboost 先要训练出 K 个弱分类器，每个弱分类器训练后，那些被错分的样例将具有更大的权值，从而下一个分类器会侧重于这些被错分的样例。训练第 k 个弱分类器要完成的主要任务或步骤有以下 4 点。

（1）用当前的 $(\boldsymbol{X}, Y, \boldsymbol{W})$ 训练一个新的弱分类器 m_k。

（2）更新每个样本的权值。假设弱分类器 m_k 发生分类错误的样本子集为 E，计算 $\mathrm{error} = \sum\limits_{x_i \in E} \boldsymbol{w}_i$，根据 error 计算一个系数 $\alpha = \dfrac{\mathrm{error}}{1 - \mathrm{error}}$。然后对每个正确分类的样本

更新其权值为 $w_i = \alpha w_i$，由于通常 error < 0.5，故正确分类的样本权值会下降。错误分类的样本权值保持不变。

（3）对第 2 步得到的 W 进行规范化，即 $W = \dfrac{W}{\|W\|_1}$。

（4）记录分类器 m_k 的权值为 $z_k = \log\left(\dfrac{1 - \text{error}}{\text{error}}\right)$。注意由于弱分类器准确度一般大于 0.5，所以通常情况下分类器权值 $z_k > 0$。

然后训练下一个弱分类器。当所有 K 个分类器 $m_1, m_2, \cdots, m_K$ 都训练完成，其分类器权值向量 $Z = (z_1, z_2, \cdots, z_K)$ 也都已经得到，Adaboost 使用加权投票来进行预测。

14.6　实验原理及方案

本实验以树高为 1 的决策树模型为弱分类器，也就是决策树选择一个属性进行测试并实现分类。可以预想其性能不会太好。

14.6.1　加载 wine 数据集，按 7:3 划分训练集和测试集

```
import numpy as np
from sklearn.tree import DecisionTreeClassifier
from sklearn.datasets import load_wine
from sklearn.model_selection import train_test_split
from sklearn.metrics import accuracy_score

wine= load_wine()
Xtrain,Xtest,Ytrain,Ytest=train_test_split(wine.data,
                                            wine.target,
                                            test_size=0.3,
                                            random_state=420)
```

14.6.2　定义加权投票函数

```
def weighted_vot(y,w):
    cnt={}
    for i in range(y.shape[0]):
        if y[i] in cnt:
            cnt[y[i]]+=w[i]
        else:
            cnt[y[i]]=w[i]
    return max(cnt, key=cnt.get)
```

14.6.3　Adaboost 训练函数

```python
def Adaboost_train(models,X,Y):
    N=X.shape[0]        #样例数目
    w=np.ones(N)/N      #权重初始化
    K=len(models)       #弱模型数目
    z=np.ones(K)        #模型权重
    for k in range(K):
        models[k].fit(X, Y, sample_weight=w)
        v1=np.array(models[k].predict(X) == Y).astype(int)
        error= np.dot(w, 1-v1)
        w=w*v1*error/(1-error)+w*(1-v1)
        w=w/np.sum(w)
        z[k]=np.log((1-error)/error)
    return models,z
```

14.6.4　Adaboost 预测函数

```python
def Adaboost_pred(models,X,z):
    N = X.shape[0]
    pred=np.zeros(N)
    y=np.array([model.predict(X) for model in models])
    for i in range( N):
        yi=y[:,i]
        pred[i]=weighted_vot(yi,z)
    return pred
```

14.6.5　Adaboost 性能评估

使用 K 个弱的决策树进行 Adaboost

```python
K=5
models=[]
for k in range(K):
    models.append(DecisionTreeClassifier(criterion="entropy",
                                         splitter="best",
                                         min_samples_split=4,
                                         max_depth=1,
                                         random_state=420))
modles,z= Adaboost_train(models,Xtrain,Ytrain)
pred=Adaboost_pred(models,Xtest,z)
print(accuracy_score(Ytest,pred))
```

14.7　实验报告要求

实验报告须包含实验任务、实验平台、实验原理、实验步骤、实验数据记录、实验结果分析和实验结论等部分，特别是以下重点内容。

（1）观察并分析 Adaboost 训练过程中，样本权值变化情况。

（2）记录并分析各弱分类模型的准确度和权值。

（3）记录 Adaboost 集成模型分别在训练集和测试集上的准确度和 K 之间的关系，绘制曲线。

（4）对各弱模型及集成模型的结果进行分析和讨论。

14.8　考核要求与方法

实验总分 100 分，通过实验报告进行考核，标准有以下 3 点。

（1）报告的规范性 10 分。报告中的术语、格式、图表、数据、公式、标注及参考文献是否符合规范要求。

（2）报告的严谨性 40 分。结构是否严谨，论述的层次是否清晰，逻辑是否合理，语言是否准确。

（3）实验的充分性 50 分。实验是否包含"实验报告要求"部分的 4 个重点内容，数据是否合理，是否有创新性成果或独立见解。

14.9　案例特色或创新

本实验的特色在于：应用 Adaboost 方法提高乳腺癌诊断的准确性，实验详细讨论了集成学习及 Adaboost 方案，使学生了解其优缺点，培养学生对集成学习方法的应用和评价能力，提高学生应用人工智能方法解决复杂工程问题的能力。

第 15 章

聚类：K-Means算法划分鸢尾花类别

15.1　教 学 目 标

（1）能理解聚类算法的理论基础。

（2）能够应用 K-Means 算法完成聚类。

（3）能够分析聚类算法的优缺点。

（4）提高对复杂工程问题建模和分析的能力。

15.2　实验内容与任务

现在有一批鸢尾花的数据，共包含 150 个样本，每个样本有 4 个属性：花萼长度（sepal length）、花萼宽度（sepal width）、花瓣长度（petal length）、花瓣宽度（petal width）。同时，每个样本所属类别也已经标出，一共有 3 个类别：山鸢尾（iris setosa）、杂色鸢尾（iris versicolour），以及维吉尼亚鸢尾（iris virginica）。

要求学生根据样本的属性数据将鸢尾花用 K-Means 算法进行聚类，获得 3 个类别，并将每个样本分到一个类别中。然后将聚类所得的样本类别分布情况与原始数据中的样本类别分布情况进行对比，分析 K-Means 算法的性能。

15.3　实验过程及要求

（1）实验环境要求：Windows/Linux 操作系统，Python 编译环境，numpy、matplotlib 等程序库。

（2）加载鸢尾花数据集，观察数据集特征。

（3）实现 K-Means 算法，运行并观察聚类结果。

（4）研究初始聚类中心的设置对 K-Means 算法收敛性的影响。

（5）研究参数 K 对聚类结果的影响。

15.4　相关知识及背景

聚类是人类挖掘知识的重要手段。例如：对自然界的生物进行类别和群体的划分；在商业活动中，对客户群体进行划分，能对客户特点进行分析并对不同群体进行针对性营销。

在机器学习中，聚类属于无监督学习，直接在数据中挖掘类别关系。聚类跟有监督学习中的分类的区别是缺乏有标记的训练数据。聚类有两个任务，首先要确定将数据划分多少类，其次要将每个样本分到一个类别中。例如，图 15.1 中的数据点，我们仅根据数据点的分布情况，可以考虑将其划分 4 个类，坐标比较相似的点处于同一个类中。完成聚类要基于以下 2 个原则。

（1）不同类别的样本之间相似性很小。

（2）同一类别的样本之间相似性很大。

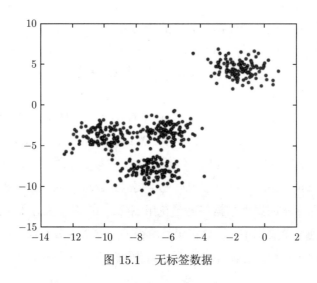

图 15.1　无标签数据

15.5　实验教学与指导

15.5.1　数据加载

```
1  from sklearn import datasets
2  import matplotlib.pyplot as plt
3  import numpy as np
4
5  # 获取数据集并进行探索
6  iris = datasets.load_iris()
```

```
7  irisFeatures = iris["data"]
8  irisFeaturesName = iris["feature_names"]
9  irisLabels = iris["target"]
```

15.5.2 K-Means 算法原理

K-Means 算法常用于对欧氏空间的样本点进行聚类。两个样本点 x_i 和 x_j 的相似度可用距离 $\|x_i - x_j\|$ 来定义。假设聚类一共有 K 个类别，每个类别 C_k 定义一个聚类中心点 u_k(注意，聚类中心点并不是样本点)，K-Means 算法规定，一个样本点根据其离每个聚类中心点的距离，划分到最近的类别中去。因此完成聚类的两个任务，只要能确定 K 个中心点即可。为了求出最好的中心点，定义一个损失函数，对聚类效果符合前述聚类原则的程度进行评价：

$$J(u_1, u_2, \ldots, u_K) = \sum_{k=1}^{K} \sum_{i \in C_k} \|x_i - u_k\|^2 \tag{15.1}$$

从 J 的定义上看，各样本划分到距离最近聚类中心，能够达到更小的 J 值。另外，由于 J 是局部光滑的，可以通过对解求 $\nabla J = 0$，计算出 J 最小时的聚类中心位置：

$$u_k^* = \frac{1}{|C_k|} \sum_{i \in C_k} x_i \tag{15.2}$$

可见最好的聚类中心 u_k^* 实际上是该类别的样本均值点。而将 u_k 移动到 u_k^* 后，如果所有样本点的划分不发生变化，则 J 到达一个局部最优值，K-Means 算法达到稳定。否则，可以继续求解在新的划分情况下的最优的中心点。

15.5.3 K-Means 算法实现

可以设想，如果某个聚类中心 k 远离所有的样本点，则样本点都会划分到其他类别中。这个聚类中心 k 将会获得一个空的聚类，影响了聚类效果。因此初始聚类点落到样本点中间较好。初始化时，限制聚类中心的坐标可以达到这个目的。K-Means 算法实现如下：

```
1  def norm2(x):
2      #求 2 范数的平方值
3      return np.sum(x*x)
4
5  class KMeans(object):
6      def __init__(self, k: int, n: int):
7          #k: 聚类的数目; n: 数据维度
8          self.K = k
```

```
 9          self.N = n
10          self.u = np.zeros((k,n))
11          self.C=[[]for i in range(k)]
12          #u[i]: 第 i 个聚类中心, C[i]: 第 i 个类别所包含的点
13
14      def fit(self, data: np.ndarray):
15      #data: 每一行是一个样本
16          self.select_u0(data)
17          #聚类中心初始化
18          J=0
19          oldJ=100
20          while abs(J-oldJ) >0.001:
21              oldJ=J
22              J=0
23              self.C=[[]for i in range(self.K)]
24              for i in range(len(data)):
25                  nor=[ norm2(self.u[k]-data[i]) \
26                      for k in range(self.K)]
27                  J += np.min(nor)
28                  self.C[np.argmin(nor)].append(i)
29              for k in range(self.K):
30                  x=[data[i] for i in self.C[k]]
31                  self.u[k]=np.mean(np.array(x),axis=0)
32
33      def select_u0(self, data: np.ndarray):
34          for j in range(self.N):
35
36              # 得到该列数据的最小值, 最大值
37              minJ = np.min(data[:, j])
38              maxJ = np.max(data[:, j])
39
40              rangeJ = float(maxJ - minJ)
41              #聚类中心的第 j 维数据值随机位于 (最小值, 最大值)
42              self.u[:,j]=minJ +rangeJ * np.array([0.5,0.4,0.6])
```

15.5.4　训练并显示聚类结果

设置 $K = 3$, 运行 K-Means 算法聚类后, 用样本特征数据的前两个维度显示聚类效果。

```
1 model = KMeans(3,4)
2 #k=3, n=4
3 model.fit(irisFeatures)
4
5 x=np.array([irisFeatures[i] for i in model.C[0]])
6 plt.scatter(x[:,0], x[:,1], c = "red", marker='o', label='cluster1')
7 x=np.array([irisFeatures[i] for i in model.C[1]])
8 plt.scatter(x[:,0], x[:,1], c = "green", marker='*', label='cluster2')
9 x=np.array([irisFeatures[i] for i in model.C[2]])
10 plt.scatter(x[:,0], x[:,1], c = "blue", marker='+', label='cluster3')
11 u=np.array(model.u)
12 plt.scatter(u[:,0], u[:,1], c = "black", marker='X', label='center')
13 plt.xlabel('petal length')
14 plt.ylabel('petal width')
15 plt.legend(loc=2)
16 plt.show()
```

15.5.5　聚类结果和原始标记进行对比

根据聚类的结果给数据打上类别标记，并与原始标记进行对比，求得错标的数目。

```
1 Lables=np.zeros(len(irisLabels))
2 error=[0]*6
3 i=0
4 for z in [[0,1,2],[0,2,1],[1,0,2],[1,2,0],[2,0,1],[2,1,0]]:
5     Lables[model.C[0]]=z[0]
6     Lables[model.C[1]]=z[1]
7     Lables[model.C[2]]=z[2]
8     error[i]=len(np.nonzero(Lables-irisLabels)[0])
9     i=i+1
10 print(min(error))
```

15.6　实验报告要求

实验报告须包含实验任务、实验平台、实验原理、实验步骤、实验数据记录、实验结果分析和实验结论等部分，特别是以下重点内容。

（1）K-Means 算法的设计与实现。

（2）聚类结果的可视化。

（3）分析参数 K 及聚类中心初始值对算法结果以及收敛性的影响。

15.7　考核要求与方法

实验总分 100 分，通过实验报告进行考核，标准有以下 3 点。

（1）报告的规范性 10 分。报告中的术语、格式、图表、数据、公式、标注及参考文献是否符合规范要求。

（2）报告的严谨性 40 分。结构是否严谨，论述的层次是否清晰，逻辑是否合理，语言是否准确。

（3）实验的充分性 50 分。实验是否包含"实验报告要求"部分的 3 个重点内容，数据是否合理，是否有创新性成果或独立见解。

15.8　案例特色或创新

本实验的特色在于：培养学生应用 K-Means 算法实现数据的聚类，使学生能够理解 K-Means 算法的原理、实现 K-Means 算法并能研究分析算法参数对聚类结果的影响。能够对实验结果进行有效的可视化展示，培养学生对复杂工程问题建模和分析的能力。

第 16 章

聚类：EM算法估计混合高斯分布

16.1　教　学　目　标

（1）能理解 EM 算法的理论基础。

（2）能应用 EM 算法对含隐变量的模型进行参数估计。

（3）能够应用 EM 算法实现进行无监督聚类。

（4）提高对复杂工程问题建模和分析的能力。

16.2　实验内容与任务

如图 16.1所示，现已知在二维空间中有 n 个点，每个点由 3 个高斯分布之一产生，但是不知道是哪一个，也不知道高斯分布的参数。要求根据这些点的坐标值，计算 3 个高斯分布的参数 $w_i, \mu_i, \Sigma_i, i = 1, 2, 3$。其中 w, μ, Σ 分别为高斯分布的权重、均值、协方差。

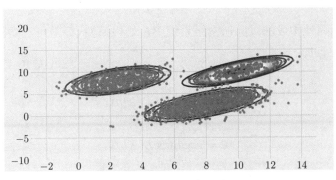

图 16.1　混合高斯分布

16.3　实验过程及要求

（1）实验环境要求：Windows/Linux 操作系统，Python 编译环境，numpy、scipy、matplotlib 等程序库。

（2）设计 3 个二维的高斯模型，每个模型采样生成 100 个点。

（3）实现混合高斯模型的 EM 算法，训练模型，输出模型参数。

（4）绘制求解出的模型的等高线，观察对数据的符合程度。

（5）调整数据数量及迭代结束条件，研究参数的计算精度。

（6）撰写实验报告。

16.4　相关知识及背景

实验中给出了每个点的坐标，因而其是可观测的值，但是每个点属于哪个高斯分布却是不可观测的，属于隐变量。如果知道隐变量的值，则可以根据点的坐标直接用最大似然估计每个分布。Expectation Maximization 算法 (简称 EM 算法) 是一种迭代算法，用于含有隐变量的概率模型的估计问题。EM 算法通过 E 步和 M 步交替迭代：在 E 步，通过当前的数据和参数得到隐变量分布的估计；在 M 步则利用对隐变量的估计，应用最大似然方法更新参数。EM 算法有严格的数学基础，除了用于混合高斯模型的估计问题，还可以应用于 HMM 中求解参数。

本实验通过数据估计每个高斯分布的参数，进而得到数据所属的分布，因此属于无监督聚类问题。

16.5　实验教学与指导

16.5.1　EM 算法

一个由样例属性构成的贝叶斯网络系统中，如果属性 X 是可观察的，则系统参数 θ 可用最大似然法进行估计：

$$L(X|\theta) = \sum_{i=1}^{n} \log p(x_i|\theta) \tag{16.1}$$

$$\theta = \arg\max_{\theta} L(X|\theta) \tag{16.2}$$

如果还有不可观察的隐藏属性 Z，则

$$L(X|\theta) = \sum_{i=1}^{n} \log \sum_{z_i} p(x_i, z_i|\theta) \tag{16.3}$$

$$= \sum_{i=1}^{n} \log \sum_{z_i} q(z_i) \frac{p(x_i, z_i|\theta)}{q(z_i)} \tag{16.4}$$

$$\geqslant \sum_{i=1}^{n} \sum_{z_i} q(z_i) \log \frac{p(x_i, z_i|\theta)}{q(z_i)} \tag{16.5}$$

$$= \sum_{i=1}^{n} \sum_{z_i} q(z_i) \log p(x_i, z_i|\theta) - \sum_{i=1}^{n} \sum_{z_i} q(z_i) \log q(z_i) \tag{16.6}$$

其中：$q(z)$ 是 z 的任意一个分布，公式 (16.5) 是由于对数函数的凸性。我们现得到了对数似然的一个下界，可以让这个下界最大，从而使似然得到优化。现令 $q(z)$ 为 z 的后验分布 $p(z|x, \theta^{(t-1)})$，因为公式 (16.6) 的后一部分不出现 θ，故

$$\theta^{(t)} = \arg\max_{\theta} \sum_{i=1}^{n} \sum_{z_i} p(z_i|x_i, \theta^{(t-1)}) \log p(x_i, z_i|\theta) \tag{16.7}$$

公式 (16.7) 定义的迭代方法称为 EM 算法，其中计算 z 的后验分布步骤称为 **E 步**，计算 θ 称为 **M 步**。

16.5.2 混合高斯分布的参数计算

在实验规定的混合高斯分布问题中，数据点属于哪个分布是隐变量，因此可用 EM 算法求解。E 步的具体计算公式为 (计算第 i 个样本属于第 j 个分布的概率)

$$\gamma_{ij} = p(z = j|x_i, \theta^{(t-1)}) \tag{16.8}$$

$$= \frac{w_j^{(t-1)} \Phi\left(\mu_j^{(t-1)}, \sum_j^{(t-1)}\right)}{\sum_j w_j^{(t-1)} \Phi\left(\mu_j^{(t-1)}, \sum_j^{(t-1)}\right)} \tag{16.9}$$

令 $n_j = \sum_{i=1}^{n} \gamma_{ij}$，表示分配到第 j 个分布的样例总数，则 M 步的具体计算公式为

$$w_j^{(t)} = \frac{n_j}{n} \tag{16.10}$$

$$\mu_j^{(t)} = \frac{\sum_{i=1}^{n} \gamma_{ij} x_i}{n_j} \tag{16.11}$$

$$\Sigma_j^{(t)} = \frac{\sum_{i=1}^{n} (x_i - \mu_j^{(t)})^{\mathrm{T}}(x_i - \mu_j^{(t)})\gamma_{ij}}{n_j} \tag{16.12}$$

16.5.3 算法实现参考

```
class GMM(object):
    def __init__(self, k: int, d: int):
```

```
3      #k: 高斯分布的数目; d: 样本属性的维度
4          self.K = k
5          self.w = np.random.rand(k)              # 每个分布的权重
6          self.w = self.w / self.w.sum()
7
8          self.means = np.random.rand(k, d) # 每个分布的均值
9
10         self.covs = np.empty((k, d, d))      # 每个分布的协方差
11         for j in range(k):                        # 初始化必须是半正定
12             self.covs[j] = np.eye(d) * np.random.rand(1) * k
13
14         self.covs_d = np.empty((k, d, d))    # 小常数矩阵备用
15         for j in range(k):
16             self.covs_d[j] = np.eye(d) * 0.0001
17
18     def fit(self, data: np.ndarray):
19     #data: 每一行是一个样本, shape = (N, d)
20         for count in range(2000):
21             # E 步, 计算 γ_{ij}
22             density = np.empty((len(data), self.K))
23             for j in range(self.K):
24                 norm = stats.multivariate_normal(
25                     self.means[j], self.covs[j])
26                 density[:,j] = norm.pdf(data)
27             gamma = self.w*density
28             gamma = gamma / gamma.sum(axis=1, keepdims=True)
29
30             # M 步, 计算下一时刻的参数值
31             n = gamma.sum(axis=0)
32             self.w = n / len(data)
33             self.means = np.tensordot(
34                 gamma,data,axes=[0,0])/n.reshape(-1,1)
35
36             for j in range(self.K):
37                 e = data - self.means [j]
38                 self.covs[j]=np.dot(e.T*gamma[:,j],e)/n[j]
39             self.covs = self.covs+self.covs_d        # 避免数值异常
```

16.6　实验报告要求

实验报告须包含实验任务、实验平台、实验原理、实验步骤、实验数据记录、实验结果分析和实验结论等部分，特别是以下重点内容。

（1）生成实验数据。

（2）EM 算法的设计与实现。

（3）分析影响 EM 算法计算性能的因素。

16.7　考核要求与方法

实验总分 100 分，通过实验报告进行考核，标准有以下 3 点。

（1）报告的规范性 10 分。报告中的术语、格式、图表、数据、公式、标注及参考文献是否符合规范要求。

（2）报告的严谨性 40 分。结构是否严谨，论述的层次是否清晰，逻辑是否合理，语言是否准确。

（3）实验的充分性 50 分。实验是否包含"实验报告要求"部分的 3 个重点内容，数据是否合理，是否有创新性成果或独立见解。

16.8　案例特色或创新

本实验的特色在于：培养学生应用 EM 算法实现混合高斯模型的求解，使学生能够理解 EM 算法的原理、实现 EM 算法并能研究分析 EM 算法的求解性能，能够对实验结果进行有效的可视化展示；培养学生对复杂工程问题建模和分析的能力。

第 17 章

强化学习：机器人导航

17.1　教　学　目　标

（1）理解和掌握强化学习的原理。

（2）能够应用时序差分方法，计算状态的价值函数。

（3）能够应用时序差分方法，计算状态的行为价值函数，从而得到最优决策。

（4）能够提出一个新函数来逼近价值函数，并用梯度下降法来计算该新函数的参数。

（5）能够分析不同方案的优缺点，提高对复杂工程问题建模和分析的能力。

17.2　实验内容与任务

图 17.1（a）是一个机器人导航问题的地图。机器人从起点 Start 出发，每一个时间点，它必须选择一个行动 (上下左右)。在马尔可夫决策实验中，机器人是根据环境模型中的转移矩阵 $\boldsymbol{P}(x, a, x')$ 来进行价值函数和最优策略的计算，但是本次实验中，机器人并不知道这个转移矩阵。已知机器人行动之后，环境会告知机器人两件事情——新的实际位置，以及到达新位置所得到的报酬。因此，如果机器人有一个策略 $\pi(x)$，那么在与环境的交换中，机器人会具有这样一个数据序列：$(x_0, a_0, r_0, x_1, a_1, r_1, \cdots, a_{n-1}, r_{n-1}, x_n)$，其中，$x_i, r_i$ 是环境告知的状态和该状态的报酬；$a_i = \pi(x_i)$ 是机器人的决策；x_0 是 Start；x_n 是一个终止状态。这个数据序列也称为一个样本路径。强化学习的任务是让机器人在环境中运行多次，得到多条样本路径，通过这些样本路径，来求解最优策略。

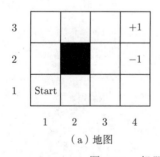

（a）地图　　　　　　　　　　（b）行动方向

图 17.1　机器人行动环境

样本路径是与环境的交互中产生的，需要先实现一个环境模型。假设实际位置由环境按图 17.1（b）的方式决定：机器人每次移动的实际结果是机器人以 0.8 的概率移向所选择方向，也可能是以 0.1 的概率移向垂直于所选方向。如果实际移动的方向上有障碍物，则机器人会停在原地。机器人移动到图中每个格子，会获得一个报酬，图 17.1（a）中标有 +1 和 −1 的格子中标记的就是该格子的报酬，其他格子的报酬是 −0.04，报酬会随着时间打折，假设折扣是 1。

17.3 实验过程及要求

（1）实验环境要求：Windows/Linux 操作系统，Python 编译环境，numpy、scipy 等程序库。

（2）编写一个环境，它能跟机器人交互，主要提供行动的结果–下一步的状态及获得的报酬。

（3）已知机器人的策略 $\pi(x)$，通过与环境交互学习在该策略下的价值函数 $U(x)$（或叫效用函数）。

（4）机器的行动价值函数是 $Q(x,a)$，且 $\pi(x) = \arg\max_a Q(x,a)$ 是最优决策，通过与环境交互学习这个行动价值函数 $Q(x,a)$。

（5）已知机器人的策略 $\pi(x)$，用一个线性函数来逼近价值函数，通过与环境交互学习这个线性函数。

（6）撰写实验报告。

17.4 相关知识及背景

马尔可夫决策过程的实验中，通过状态转移矩阵和状态的报酬，用价值迭代法和策略迭代法来求解状态的效用及最优决策。在没有状态转移矩阵和报酬定义的情况下，机器人可以通过反复与环境进行交互，获得状态变化数据以及报酬数据，并通过这些数据来学习状态效用和最优决策，这个过程称为强化学习。强化学习、监督学习、无监督学习构成了机器学习的几大类别。

强化学习特别适用于类似游戏智能，通过在游戏中获得奖励，引导 Agent 采取正确行动。2016 年在围棋中击败顶级人类选手的人工智能 AlphaGo，主要应用的是搜索技术、有监督学习技术和强化学习技术，通过大量的战例来训练模型。

本次实验通过奖励机制，应用时序差分方法来学习机器人的价值函数及行动价值函数，并获得最优策略。

17.5　实验教学与指导

17.5.1　环境模型

本实验需要模拟一个环境，由这个环境告知机器人的行动的结果。这个模型可以自定义一个转移矩阵 $\boldsymbol{P}$，并用它生成机器人的新状态。在这个模型中，除了 $\boldsymbol{P}$ 不能被学习算法使用，其他的属性和方法可以被学习算法使用。

```python
class Env():
    def __init__(self,name):
        self.Name=name
        self.N=11
        self.A=np.arange(4)
        self.X=np.arange(self.N)
        self.makeP() #定义转移矩阵
        self.makeR() #定义报酬向量
        self.Gamma=1          #折扣
        self.StartState=0
        self.EndStates=[6,10]
    def action(self,x,a):
#环境模型通过 action 函数告知 Agent 报酬及新状态
        x_=np.random.choice(self.N,p=self.P[x,a,:])
        return x_
```

17.5.2　被动学习：时序差分方法 TD Learning

给定一个策略 $\pi(x)$，让机器人学习状态的价值函数，称为被动学习。通过与环境交互，机器人获得一个样本路径 $\text{sample} = (x_0, r_0, a_0, x_1, r_1, a_1, \cdots, a_{n-1}, x_n, r_n)$。价值函数 $U^\pi(x)$ 的定义是机器人从状态 x 出发，按照策略 π 连续移动所获得的报酬总和的期望值。在通过样本计算时，可以近似认为

$$U(x_i) \approx \sum_{t=i}^{t=n} \gamma^{t-i} r_t$$

$$\approx r_i + \gamma U(x_{i+1}) \tag{17.1}$$

在进行迭代时，可以使用时序差分迭代公式，即

$$U(x_i) := (1-\alpha)U(x_i) + \alpha(r_i + \gamma U(x_{i+1}))$$

$$:= U(x_i) + \alpha(r_i + \gamma U(x_{i+1}) - U(x_i)) \tag{17.2}$$

其中：α 是一个权重，称为学习率。

```python
class TD():
    def __init__(self,E):
        self.E=E
        self.Alpha=0.5
        self.Pi=[3,2,2,2,3,3,0,0,0,0,0]
        self.U=[0,0,0,0,0,0,-1,0,0,0,1]

    def train(self):
        x=np.random.choice([0,1,2,3,4,5,7,8,9])
        while x not in self.E.EndStates:
            a=self.Pi[x]
            _x = self.E.action(x,a)
            r=self.E.R[x]
            self.U[x]=self.U[x]+self.Alpha*(
                r+self.E.Gamma*self.U[_x]-self.U[x])
            x=_x
```

17.5.3 主动学习：Q Learning

假设机器人由一个行为价值函数 $Q(x,a)$，定义在状态 x 下采取行动 a 的价值，那么根据 Q 函数机器人可以按概率选取一个行动，并与环境进行交互，通过奖励来更新 Q 函数。如果学到了正确的 Q 函数，则贪心策略就是最优策略，即

$$\pi(x) = \arg\max_a Q(x,a)$$

而且状态 x 的价值满足

$$U(x) = \max_a Q(x,a)$$

Q 函数的时序差分迭代公式为

$$Q(x_i,a_i) := Q(x_i,a_i) + \alpha(r_i + \gamma \max_{a'} Q(x_{i+1},a') - Q(x_i,a_i)) \tag{17.3}$$

```python
class Q_Learning():
    def __init__(self, E):
        self.E=E
        self.Alpha=0.5
        self.Q=np.ones((11,4))/4
        self.Q[10,:]=1
        self.Q[6,:]=-1
```

```
8
9    def train(self):
10       x=np.random.choice([0,1,2,3,4,5,7,8,9])
11       while x not in self.E.EndStates:
12           P=normal(self.Q[x])
13           a=np.random.choice(4,p=P)
14           _x = self.E.action(x,a)
15           r=self.E.R[x]
16           self.Q[x,a]=self.Q[x,a]+self.Alpha*(
17               r+self.E.Gamma*np.max(self.Q[_x])\
18               -self.Q[x,a])
19           x=_x
```

17.5.4 价值函数的线性逼近

当状态数过多而价值函数不宜用列表方式表达时，可以用函数逼近的方式。有些价值函数可以用线性函数做很好的逼近。在本实验中，状态 x 的特征为行列坐标 (r,c)，如果令 $U(x) = w_1 + w_2 r + w_3 c$, 则可以定义平方损失函数 $J = \frac{1}{2}(U(x) - S)^2$, 其中：$S$ 是从状态 x 开始的带折扣报酬序列总和。可以应用梯度下降法来求 $U(x)$ 的参数 $w = (w_1, w_2, w_3)$

$$\nabla J_w = (U(x) - S)\nabla U_w$$
$$= (U(x) - S)(1, r, c) \tag{17.4}$$
$$w := w - \alpha(U(x) - S)(1, r, c) \tag{17.5}$$

```
1  class F_TD():
2     def __init__(self,E):
3        self.w = np.array([0.5,0.5,0.5])
4        self.E = E
5        self.Alpha=0.001
6        self.Pi=[3,2,2,2,3,3,0,0,0,0,0]
7
8     def U(self,x):
9        if x==10:
10           return 1
11        if x==6:
12           return -1
13        (row,col)=self.E.X2RowCol[x]
```

```
14          return np.dot( np.array([1,row,col]), self.w)
15
16      def dU(self,x):
17          (row,col)=self.E.X2RowCol[x]
18          return np.array([1,row,col])
19
20      def train(self):
21          x0=np.random.choice([0,1,2,3,4,5,7,8,9])
22          a0=self.Pi[x0]
23
24          Rsum=self.E.R[x0]
25          x=x0
26          a=a0
27          gamma=self.E.Gamma
28          while x not in self.E.EndStates:
29              x=self.E.action(x,a)
30              Rsum + = gamma*self.E.R[x]
31              a=self.Pi[x]
32              gamma *= self.E.Gamma
33
34          self.w = self.w + self.Alpha*(
35              Rsum - self.U(x0))*self.dU(x0)
```

17.6 实验报告要求

实验报告须包含实验任务、实验平台、实验原理、实验步骤、实验数据记录、实验结果分析和实验结论等部分，特别是以下重点内容。

（1）建立机器人导航问题的马尔可夫决策模型，实现 ENV 模块。

（2）用时序差分方法计算价值函数和行动价值函数。

（3）用线性函数逼近价值函数。

（4）利用环境模型，应用马尔可夫决策方法得到价值函数和最优决策，检验强化学习的结果。

17.7 考核要求与方法

实验总分 100 分，通过实验报告进行考核，标准有以下 3 点。

（1）报告的规范性 10 分。报告中的术语、格式、图表、数据、公式、标注及参考文献是否符合规范要求。

（2）报告的严谨性 40 分。结构是否严谨，论述的层次是否清晰，逻辑是否合理，语言是否准确。

（3）实验的充分性 50 分。实验是否包含"实验报告要求"部分的 4 个重点内容，数据是否合理，是否有创新性成果或独立见解。

17.8　案例特色或创新

本实验的特色在于：通过对机器人导航问题，培养学生应用强化学习技术，要求学生能够通过时序差分方法，使学生可以利用样本数据来计算价值函数和行动价值函数，并计算优化决策。本实验提供了状态数目较多时对价值函数的逼近方法，提高学生对复杂工程问题建模和分析的能力。

第18章

强化学习：策略梯度法

18.1 教学目标

（1）能够理解和掌握策略梯度法的原理。

（2）能够应用神经网络来实现策略梯度法。

（3）能够评价策略梯度法的优缺点，提高对复杂工程问题建模和分析的能力。

18.2 实验内容与任务

图 18.1（a）是一个机器人导航问题的地图。机器人从起点 Start 出发，每一个时间点，它必须选择一个行动 (上下左右)。在马尔可夫决策中实验中，机器人是根据环境模型中的转移矩阵 $\boldsymbol{P}(x, a, x')$ 来进行价值函数和最优策略的计算，但是本次实验中，机器人并不知道这个转移矩阵。已知机器人行动之后，环境会告知机器人两件事情——新的实际位置，以及到达新位置所得到的报酬。因此，如果机器人有一个策略 $\pi(x)$，那么在与环境的交换中，机器人会具有这样一个数据序列：$(x_0, a_0, r_0, x_1, a_1, r_1, \cdots, a_{n-1}, r_{n-1}, x_n)$，其中，$x_i, r_i$ 是环境告知的状态和该状态的报酬；$a_i = \pi(x_i)$ 是机器人自己的决策；x_0 是 Start；x_n 是一个终止状态。这个数据序列也称为一个样本路径。本次实验的任务是让机器人在环境中运行多次，得到多条样本路径，通过这些样本路径，应用策略梯度法来求解最优策略。

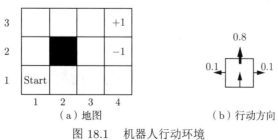

（a）地图　　　　　（b）行动方向

图 18.1　机器人行动环境

样本路径是与环境的交互中产生的，你先要实现一个环境模型。假设实际位置由环境按图 18.1（b）的方式决定：机器人每次移动的实际结果是机器人以 0.8 的概率移向所选择方向，也可能是以 0.1 的概率移向垂直于所选方向。如果实际移动的方向上有障碍物，则机器人会停在原地。机器人移动到图中每个格子，会获得一个报酬，图 18.1（a）中标有 +1 和 −1 的格子中标记的就是该格子的报酬，其他格子的报酬是 −0.04. 报酬会随着时间打折，假设折扣是 1。

18.3　实验过程及要求

（1）实验环境要求：Windows/Linux 操作系统，Python 编译环境，numpy、Keras 等程序库。

（2）编写一个环境，它能跟机器人交互，提供下一步的状态及获得的报酬。

（3）应用 Keras 平台，用神经网络来模拟策略函数，实现策略梯度法。

（4）评估神经网络模型。

（5）撰写实验报告。

18.4　相关知识及背景

在强化学习的实验中，虽然不知道环境的转移概率矩阵，但机器人通过与环境进行交互，产生样本数据，利用时序差分方法可以计算状态的价值函数及行动价值函数，实现最优策略 $\pi(x)$ 的求解。在状态 x 的数目较少的时候，$\pi(x)$ 可以用列表的形式表示，计算出所有状态下的决策。但是如果 x 的空间太大，列表法会有几个严重问题。首先，是状态数太大时，应用列表法会有内存不够的问题。例如，围棋大约有 $2^{19\times 19}$ 这个级别的状态数。其次，计算出每个状态，时间也不够。最后，这些状态也不可能都在样本路径中出现，没法进行迭代更新。

策略梯度法用一个带参函数来模拟 $\pi(x)$，利用样本路径数据进行训练，用梯度下降法来训练参数。它不需要保存所有的状态，也可以对样例中未曾出现的状态进行决策。因为多层的神经网络几乎可以模拟所有的函数，因此本实验利用 Keras 平台，用神经网络来实现策略梯度法。2016 年在围棋比赛中击败顶级人类选手的人工智能 AlphaGo 包含一个决策网络，它跟本次实验有类似的功能。

18.5　实验教学与指导

18.5.1　环境模型

环境模型即需要模拟一个环境，由这个环境告知机器人的行动的结果。这个模型可以自定义一个转移矩阵 P，并用它生成机器人的新状态。在这个模型中，除了 P 不能被学习算法使用，其他的属性和方法可以被学习算法使用。

```
1  class Env():
2      def __init__(self,name):
3          self.Name=name
4          self.N=11
5          self.A=np.arange(4)
6          self.X=np.arange(self.N)
7          self.makeP() #定义转移矩阵
8          self.makeR() #定义报酬向量
9          self.Gamma=1           #折扣
10         self.StartState=0
11         self.EndStates=[6,10]
12     def action(self,x,a):
13     #环境模型通过 action 函数告知 Agent 报酬及新状态
14         x_=np.random.choice(self.N,p=self.P[x,a,:])
15         return x_
```

18.5.2 策略梯度法原理

假设 w 是参数，实验使用的策略并不是用一个确定的函数 $a = \pi_w(x)$ 来表示，而是用在状态 x 下采取行为 a 的概率 $p_w(a|x)$ 来表示。实际上，由于策略是经过多条样本路径学习得到，因而具有随机性，用概率表示行为选择更具有合理性。

在初始状态 x 下，根据策略机器人采取了行为 a，假设之后演变获得的报酬总和为 $S(a)$，则 U 的期望值为 $U = \sum_a p_w(a|x)S(a)$。为了使 U 最大，即 $-U$ 最小，可使用梯度下降法。先估计 $-U$ 的梯度：

$$\nabla_w(-U) = -\sum_a \nabla_w p_w(a|x)S(a) \tag{18.1}$$

$$= -\sum_a p_w(a|x)\frac{\nabla_w p_w(a|x)S(a)}{p_w(a|x)} \tag{18.2}$$

$$\approx \frac{1}{N}\sum_{j=1}^{N} \nabla_w(-\log p_w(a_j|x)S(a_j)) \tag{18.3}$$

上述推导中，公式 (18.3) 使用样本路径的均值替代了期望值。从公式 (18.3) 可以判断 $-U$ 的最小化也可以看成对 $-\log p_w(a|x)S(a)$ 的最小化。

另外，公式 (18.3) 中每条样本路径只使用了初始状态及其行动，这样容易造成样本数据的浪费。具体处理时，可以将样本路径上的每个状态作为起始结点，跟后续状态一起作为一条局部路径使用，这样则可以充分使用数据。

18.5.3 策略函数的神经网络设计与训练

用一个三层的神经网络来模拟策略函数，输入层 2 个神经元，用于输入 (行、列) 坐标，隐含层是全连接层，包含 10 个神经元。输出层 4 个神经元，分别对应各行为的概率向量。

```python
class PolicyGrad():
    def __init__(self,E):
        self.E = E
        optimizer = RMSprop(lr=0.001)
        self.model = self.build()
        self.model.compile(loss=self._loss, optimizer=optimizer)


    #定义损失函数
    def _loss(self, S, P):
        '''
        P 是网络输出，为概率向量；
        S 是回报，表示如 (0,0,S,0) 的向量形式，S 所在的位置对应着行动 a；
        故 S 点乘 log(P) 能得到 log p_w(a|x)S(a)
        '''
        return K.mean(K.batch_dot(-S,K.log(P)))


    #构建神经网络
    def build(self):
        In= Input(shape=(2,))
        Hidden = Dense(10,activation='relu')(In)
        Out = Dense(4, activation='softmax')(Hidden)
        model = Model(inputs=In,outputs=Out)
        return model


    #生成一批数据进行训练
    def train(self):
        X,A,S=self.sample()
        X=np.array(X,dtype="int16")        #状态
        A=np.array(A,dtype="int16")        #行为
        S=np.array(S)                      #回报

        X=np.array([self.E.X2RowCol[x] for x in X])
        #通过行动独热 (one-hot) 化，将回报向量化
        A=np.eye(4)[A]
```

```
35        S=np.array( [A[i]*S[i] for i in range(len(A))])
36
37        loss = self.model.train_on_batch(X, S)
38
39    #生成一条样本路径数据
40    def sample(self):
41        x0=np.random.choice([0,1,2,3,4,5,7,8,9])
42        P=self.model.predict([MyEnv.X2RowCol[x0]])
43        a0=np.random.choice([0,1,2,3],p=P[0])
44
45        S=[self.E.R[x0]]
46        X=[x0]
47        A=[a0]
48
49        x=x0
50        a=a0
51        while x not in self.E.EndStates:
52            x=self.E.action(x,a)
53            P=self.model.predict([MyEnv.X2RowCol[x]])
54            a=np.random.choice([0,1,2,3],p=P[0])
55            X.append(x)
56            S.append(self.E.R[x])
57            A.append(a)
58
59        #下面计算每个状态作为起始状态时的报酬和
60        for i in range(len(X)-2,-1,-1):
61            S[i] += self.E.Gamma*S[i+1]
62        return X, A, S
```

18.6 实验报告要求

实验报告须包含实验任务、实验平台、实验原理、实验步骤、实验数据记录、实验结果分析和实验结论等部分，特别是以下重点内容。

（1）建立机器人导航问题的马尔可夫决策模型，实现 ENV 模块。

（2）用神经网络实现策略梯度方法。

（3）构造样本数据，对神经网络进行训练。

（4）用不同的回报设置，研究神经网络给出的策略输出。

18.7　考核要求与方法

实验总分 100 分，通过实验报告进行考核，标准有以下 3 点。

（1）报告的规范性 10 分。报告中的术语、格式、图表、数据、公式、标注及参考文献是否符合规范要求。

（2）报告的严谨性 40 分。结构是否严谨，论述的层次是否清晰，逻辑是否合理，语言是否准确。

（3）实验的充分性 50 分。实验是否包含"实验报告要求"部分的 4 个重点内容，数据是否合理，是否有创新性成果或独立见解。

18.8　案例特色或创新

本实验的特色在于：在机器人导航问题上，用神经网络来模拟策略函数，实现策略梯度法；以计算状态数目较多时的最优决策问题，培养学生应用强化学习技术解决复杂工程问题的能力，提高学生建模和分析水平。

第 19 章

卷积神经网络：手写体数字识别

19.1 教学目标

（1）能够理解和掌握神经网络模型。

（2）能够应用 Keras 搭建卷积神经网络，实现图像分类。

（3）能够调整神经网络超参数，提高神经网络的性能。

（4）提高对复杂工程问题建模和分析的能力。

19.2 实验内容与任务

MNIST 数据集是一个手写体数字的图像数据集，训练集包括 60 000 张图像，测试集包括 10 000 张图像，每张图像是一个 8 位的灰度图像，尺寸为 28×28，训练集的前 20 张图像如图 19.1 所示。现要求训练一个卷积神经网络，用于识别数字图像。

图 19.1　数字图像

19.3 实验过程及要求

（1）实验环境要求：Windows/Linux 操作系统，Python 编译环境，numpy、Keras、matplotlib 等程序库。

（2）学习理解神经网络、卷积网络层、图像处理等知识。

（3）下载数据集，构建卷积神经网络，进行网络训练与评估。

（4）调整网络超参数，记录网络训练的过程

（5）撰写实验报告。

19.4　相关知识及背景

神经网络是一种运算模型，由大量的结点（或称神经元）之间相互联接构成。每个结点代表一种特定的激活函数，每两个结点间的连接都代表一个对于通过该连接信号的加权值，网络的输出是连接方式、权重值和激活函数的综合作用。通过调整神经网络的结构、规模、参数，它可以逼近任何函数，因此神经网络目前成为机器学习的重要工具。

图像处理中可以通过卷积计算获得图像特征，卷积神经网络可以进行图像特征提取，以实现图像分类、目标检测等任务。2012 年，在大规模机器视觉识别竞赛 (imageNet large scale visual recognition challenge，ILSVRC) 上，卷积神经网络 AlexNet 超过其他学习方法，取得了最好结果。从此，卷积神经网络技术在图像处理领域得到广泛的应用。

19.5　实验教学与指导

19.5.1　神经网络与层

各种信息处理过程可以看作是一个函数处理 $y = f(x)$，然而 f 的形式往往是未知并且复杂的。神经网络使用简单的线性处理或非线性处理进行连续复合的方式，来逼近或模拟 f。用 x^0 表示输入数据，用 x^{i-1}, f^i, x^i 表示第 i 次复合处理的输入、简单处理函数和输出，则神经网络处理过程为

$$
\begin{aligned}
x^0 &= x \\
x^1 &= f^1(x^0) \\
&\vdots \\
x^k &= f^k(x^{k-1}) \\
y &= f^{k+1}(x^k)
\end{aligned} \tag{19.1}
$$

其中：$x^0 = x$ 是输入层；$x^i = f^i(x^{i-1}), i = 1, 2, \cdots, k$ 是 k 个隐含层；$y = f^{k+1}(x^k)$ 称为输出层。在神经网络中，f 通常定义为 x 的线性函数或非线性函数的组合。例如，常见的全连接层的定义为

$$
f(x) = \sigma(wx + b) \tag{19.2}
$$

这些简单函数的复合可以逼近复杂函数，而每个网络层的 w, b 等参数一起构成了神经网络的参数，x 的每个元素是一个神经元。神经网络学习的任务是通过大量的训练数据来找到各网络层的参数。

19.5.2 激活函数

网络层要加入非线性成分，因为多个线性处理的复合还是线性的，只有线性处理的神经网络的函数模拟能力有限。可以如同公式 (19.2) 一样，在线性处理后加入一个非线性的成分，其被称为激活函数。当然也可以把激活函数定义为一个单独的层。常用的激活函数有 sigmoid、tanh、relu 等。因为神经网络是使用梯度下降法完成参数训练，sigmoid 函数在多数区域梯度为 0，会影响训练的速度，因此常常使用 relu 函数作为激活函数。

$$\mathrm{relu}(x) = \begin{cases} 0 & x < 0 \\ x & x \geqslant 0 \end{cases} \tag{19.3}$$

19.5.3 损失函数与优化计算

给定一批训练数据 $x_1, y_1, x_2, y_2, \cdots, x_n, y_n$。为了计算网络参数，定义一个损失函数来衡量网络预测与真实数据之间的差异，通过在训练集上应用最小化损失函数来获得对参数的估计。假设神经网络用函数 $f_w(x)$ 表示，用神经网络进行回归处理时，常用均方误差 (MSE) 作为损失函数，即

$$\mathrm{loss} = \sum_{i=1}^{n} (f_w(x_i) - y_i)^2 \tag{19.4}$$

当用神经网络进行分类处理时，输出一个概率向量，用负的对数似然作为损失函数，也称为交叉熵损失函数，即

$$\mathrm{loss} = -\sum_{i=1}^{n} y_i \log(f_w(x_i)) \tag{19.5}$$

其中：y_i 用 one-hot 形式表示。

由于神经网络 $f(x)$ 的线性和非线性函数都是基本光滑的，因此损失函数也是光滑的。神经网络中用梯度下降法来最小化损失函数，从而获得最佳的参数。虽然主要应用梯度下降，但在具体的计算中，嵌入了不同的处理手段，目前常用的优化算子有随机梯度下降 (SGD)，自适应学习率优化算子 AdaGrad、RMSProp 等。

19.5.4 图像处理与卷积层

用一个 2 值图像为例（图 19.2（a）），其中有一个 "7" 字。图 19.2（b）是一个尺寸较小的模板，称为卷积核。将模板在图 19.2（a）上滑动，并与覆盖的区域作乘法，可得

$$F(x, y) = \sum_{i=0}^{a-1} \sum_{j=0}^{b-1} I(x+i, y+i) w(x+i, y+i)$$

其中：F 是输出特征；I 是输入的图像；w 是卷积核；a 和 b 是卷积核的尺寸。这个操作称为卷积 (跟一般信号处理的严格定义有差别)。卷积的结果按位置列在图 19.2 (c) 中。可以发现，在位置 (2,3) 处出现最大的卷积值 5。这个示意图说明通过卷积操作，能大致判断在图 19.2 (a) 的 (2,3) 处，可能有一个 "7" 字存在。

卷积核可以有不同的尺寸，还可以用两个小一点的模板组合起来处理，如模板图 19.2 (d) 通过卷积判断有一个水平线，模板图 19.2 (e) 通过卷积判断有一个垂直线，则很可能有一个 "7" 存在。组合的方法可以避免使用复杂的卷积核。通常情况下，图像处理中卷积核是方形的。

在进行卷积操作时，除了卷积核尺寸可以不同，在图像上滑动的步幅也可以不同。卷积核的尺寸和卷积的步幅，可以影响到输出的尺寸。

卷积处理能获取空间关系的特征，从而特别适用于图像处理。神经网络中的卷积层，由一批不同值的卷积核构成，它们进行卷积操作后的输出，相当于提取了一次图像特征。下一个网络层还可以继续是卷积层，提取更高级的特征。

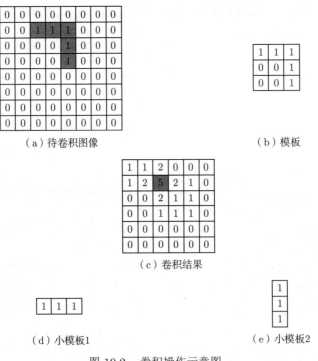

图 19.2　卷积操作示意图

19.5.5　池化层

神经网络的一个网络层输入的数据量越多，需要配置的参数就越多，计算耗费的时间就越大，训练也就越困难。而图像作为一个空间信息的载体，大部分邻近的信息是相同的，因此通过采样的方式，扔掉一部分数据，但图像基本特征还能保持。池化层完成的就是通过这种采样来缩减输入的工作。跟卷积操作类似，用一个池化窗口在图像上滑动，池化结果是窗口内数据的平均值或者最大值，其被称为平均池化或者最大池化。数据缩减的程度与窗口尺寸和步幅相关。

19.5.6 丢弃处理 Dropout

神经网络具有大量的参数，有很强的数据拟合能力。但是拟合能力过强，在预测时并不一定有好的效果，因为训练数据本身可能会有误差，实际模型也可能并没有那么复杂。避免过拟合的方法之一是在训练过程中，随机丢弃一些神经元，使得网络结构变小，从而能部分抑制过拟合。另外，丢弃一些神经元，可以迫使网络其他的神经元能学到一些更一般的特征。

19.5.7 基于 Keras 的卷积神经网络处理框架

1. 准备数据

```
1 (x_Train,y_Train),(x_Test,y_Test)=mnist.load_data()
2 x_Train=x_Train.reshape(
3     x_Train.shape[0],28,28,1).astype('float32')/256
4 x_Test=x_Test.reshape(
5     x_Test.shape[0],28,28,1).astype('float32')/256
6 y_Train= to_categorical(y_Train)
7 y_Test = to_categorical(y_Test)
```

2. 构建神经网络模型

```
1  model = Sequential()
2  model.add(Conv2D(filters=16,    #二维卷积层，16 个卷积核
3          kernel_size=(5,5),      #卷积核的尺寸
4          padding='same',
5          input_shape=(28,28,1),
6          activation='relu'))
7  model.add(MaxPooling2D(pool_size=(2, 2)))
8  model.add(Conv2D(filters=36,
9          kernel_size=(5,5),
10         padding='same',
11         activation='relu'))
12 model.add(MaxPooling2D(pool_size=(2, 2)))
13 model.add(Dropout(0.25))
14 model.add(Flatten())            #展开成一维向量
15 model.add(Dense(128, activation='relu'))
16 model.add(Dropout(0.5))
```

```
17 model.add(Dense(10,activation='softmax'))
```

3. 训练和评估神经网络模型

```
1 model.compile(loss='categorical_crossentropy',
2              optimizer=RMSprop(lr=0.001),
3              metrics=['accuracy'])
4 train_history=model.fit(x=x_Train,
5                         y=y_Train,
6                         validation_split=0.2,
7                         epochs=15,
8                         batch_size=300,
9                         verbose=2)
10 scores = model.evaluate(x_Test,y_Test,batch_size=512)
```

19.6　实验报告要求

实验报告须包含实验任务、实验平台、实验原理、实验步骤、实验数据记录、实验结果分析和实验结论等部分，特别是以下重点内容。

（1）Keras 中关于神经网络的开发步骤。

（2）卷积神经网络超参数的调整。

（3）卷积神经网络进行图像分类的性能分析与研究。

19.7　考核要求与方法

实验总分 100 分，通过实验报告进行考核，标准有以下 3 点。

（1）报告的规范性 10 分。报告中的术语、格式、图表、数据、公式、标注及参考文献是否符合规范要求。

（2）报告的严谨性 40 分。结构是否严谨，论述的层次是否清晰，逻辑是否合理，语言是否准确。

（3）实验的充分性 50 分。实验是否包含"实验报告要求"部分的 3 个重点内容，数据是否合理，是否有创新性成果或独立见解。

19.8　案例特色或创新

本实验的特色在于：培养学生应用 Keras 搭建神经网络，使学生能够理解并应用卷积神经网络实现手写数字识别，能够调整神经网络参数、提高神经网络性能，能够对实验结果进行有效的可视化展示，培养学生对复杂工程问题建模和分析的能力。

第 20 章

循环神经网络：电影评论情感分析

20.1　教学目标

（1）能够理解和掌握 LSTM 神经网络，单词的向量表示原理。

（2）能够应用 Keras 搭建 LSTM 神经网络，实现文本的情感分类。

（3）能够调整 LSTM 神经网络超参数，提高神经网络的性能。

（4）提高对复杂工程问题建模和分析的能力。

20.2　实验内容与任务

keras 提供了 IMDB 影评数据集，含有来自 IMDB 的 50 000 条影评，训练集和测试集各 25 000 条，每条评论被标记为正面和负面两种评价，平均每条评论有 235 个单词。整个数据集一共有 88 585 个不同的单词，keras 将所有的单词按其在整个数据集中出现的次数由大到小排序，单词用其序号表示。因此一段影评文字就是一串正整数。例如，测试集中第一条评论如下所示。

[1, 591, 202, 14, 31, 6, 717, 10, 10, 2, 2, 5, 4, 360, 7, 4, 177, 5760, 394, 354, 4, 123, 9, 1035, 1035, 1035, 10, 10, 13, 92, 124, 89, 488, 7944, 100, 28, 1668, 14, 31, 23, 27, 7479, 29, 220, 468, 8, 124, 14, 286, 170, 8, 157, 46, 5, 27, 239, 16, 179, 2, 38, 32, 25, 7944, 451, 202, 14, 6, 717]

对应的英文文本是：[? please give this one a miss br br ? ? and the rest of the cast rendered terrible performances the show is flat flat flat br br i don't know how michael madison could have allowed this one on his plate he almost seemed to know this wan't going to work out and his perfoarnance was quite ? so all you madison fans give this a miss]

LSTM 是循环神经网络的模型之一。试建立一个 LSTM 神经网络模型，用 IMDB 数据集对模型进行训练和评价。

20.3　实验过程及要求

（1）实验环境要求：Windows/Linux 操作系统，Python 编译环境，numpy、keras、matplotlib 等程序库。

（2）下载 IMDB 数据集，观察数据集特征。

（3）学习理解循环神经网络 LSTM 的原理。

（4）用 keras 构建 LSTM 网络模型，并应用 IMDB 数据集进行训练和评估。

（5）撰写实验报告。

20.4　相关知识及背景

循环神经网络是一种针对序列数据的神经网络模型，采用递推的方式，将序列中以前的单元信息传递到后续单元中综合处理，适合用于提取文本、流数据等的序列特征。具体应用中，循环神经网络有长期依赖的弱点，即长序列中早期的数据信息传到最后已经很弱。LSTM 神经网络是循环神经网络中的一种，能够改善循环神经网络的长期依赖问题。

20.5　实验教学与指导

20.5.1　循环神经网络

循环神经网络 (recurrent neural network，RNN) 一般用于处理序列数据 $(x_1, x_2, \cdots, x_k)$。例如，多个文字组成的句子、段落，或者一段时间的股票价格。一个 3 层的 RNN 包括输入层、隐藏层和输出层，如图 20.1 所示输入层逐个输入序列中的数据单元 x_t，隐含层对每个数据单元计算一个状态值 h_t，输出层根据 h_t 的计算网络输出 y_t。其中输入层和输出层并无特别，隐藏层通过循环处理来实现序列特征提取，是循环神经网络的主要模块。

$$h_t = f(Ux_t + Wh_{t-1} + b)$$
$$y_t = Vh_t + c \tag{20.1}$$

状态值 h_t 的计算是一个递推的过程，不仅使用了当前时刻的输入数据单元 x_t，还使用了上个时刻的状态值 h_{t-1}。

RNN 可以学习到输入数据序列元素之间的联系，因此在应用序列数据完成分类方面应用广泛。但是 RNN 还有一个问题，早期的 x_t 的信息向前传播的时候，要经过多次 W 的乘积，以及激活函数 f 的处理，函数 f 往往是有界的 (如 Sigmoid 函数)，如

果 $|W| < 1$，则传播到第 k 步的信息非常少，这个问题为长期依赖。计算梯度的时候也可以发现会出现梯度消失现象，导致无法通过加深处理来改善网络性能。

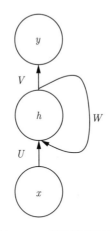

图 20.1 循环神经网络

20.5.2 LSTM 网络

LSTM 网络的隐藏层在每个循环步中，向下一步传递 h_t 和 C_t 两个状态值。由于 C_t 中的信息没有反复乘一个矩阵，RNN 的长期依赖和梯度消失问题得到了改善。一个循环步处理模块如图 20.2 所示，每个灰底模块代表一次处理。

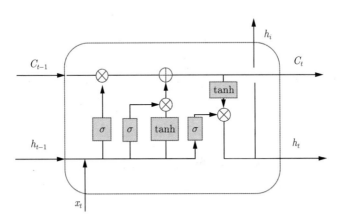

图 20.2 LSTM 神经网络

1. 遗忘门

LSTM 网络的第一个处理为

$$f_t = \sigma(W_f.[h_{t-1}, x_t] + b_f)$$
$$C_f = C_{t-1} * f_t$$

$$(20.2)$$

这里将 x, h 的权重写在一起为 W_f。f_t 是一个 σ 复合函数，它的值在 $0 \sim 1$，与 C_{t-1} 位乘后将起到一个选择作用，会遗忘 C_{t-1} 中的一些信息，这个处理称为遗忘门操作。

2. 输入门

LSTM 网络的第二个处理为

$$
\begin{aligned}
i_t &= \sigma(W_i.[h_{i-1}, x_i] + b_i) \\
j_t &= \tanh(W_j.[h_{i-1}, x_i] + b_j) \\
C_t &= i_t * j_t + C_f
\end{aligned}
\tag{20.3}
$$

其中：i_t 作为 σ 复合函数，还是起选择作用；j_t 计算出本次输入的有效信息，经 i_t 选择后累加到 C_t 中。这个处理称为输入门操作。C_t 将传给下一个循环步。

3. 输出门

输出门计算 h_t，传给下一个循环步，同时输出给后续的网络层（用于分类等应用）。

$$
\begin{aligned}
o_t &= \sigma(W_o[h_{i-1}, x_i] + b_o) \\
h_t &= o_t * \tanh(C_t)
\end{aligned}
\tag{20.4}
$$

输出门通过 σ 复合函数对 $\tanh(C_t)$ 进行选择，输出选择后的信息。

20.5.3　词向量与 embedding 层

实验中每个单词是用一个整数表示，整数之间没有什么关联。如果把单词用向量表示，则每个单词是空间中的一个点，单词之间就可以比较距离或相似性，同时神经网络处理也很方便。例如，有两个句子"女主角很好看""女主角很美丽"，如果"好看"和"美丽"的向量表示很相似，而训练集中"女主角很好看"的情感是正面的，则神经网络预测"女主角很美丽"是正面的就很自然。因此，在用神经网络进行文本处理时，Keras 提供了一个 embedding 层，完成文字的序号表示到向量表示的变换。

20.5.4　基于 Keras 的 LSTM 网络处理框架

1. 准备数据

```
1  from tensorflow.keras.datasets import imdb
2  from tensorflow.keras.utils import to_categorical
3  from tensorflow.keras.layers import Dense,Embedding,LSTM
4  from tensorflow.keras.models import Sequential, Model
5  from tensorflow.keras.preprocessing.sequence import pad_sequences
6  from tensorflow.keras.optimizers import RMSprop
7  from tensorflow.keras import regularizers
8  import numpy as np
```

```
9  import matplotlib.pyplot as plt
10
11 max_word=10000
12 (x_Train,y_Train),(x_Test,y_Test)=imdb.load_data(num_words=max_word)
13 maxlen=500
14 #把每段文本长度处理为 500 个单词
15 x_Train=pad_sequences(x_Train,maxlen=maxlen)
16 x_Test=pad_sequences(x_Test,maxlen=maxlen)
```

2. 构建神经网络模型

```
1 #构建神经网络
2 model = Sequential()
3 #将每个单词转换成 64 维向量
4 model.add(Embedding(max_word,64))
5 model.add(LSTM(units=32))
6 model.add(Dense(1,activation="sigmoid"))
```

3. 训练和评估神经网络模型

```
1  model.compile(loss='binary_crossentropy',
2                optimizer=RMSprop(lr=0.001),
3                metrics=['accuracy'])
4
5  train_history=model.fit(x_Train,
6                          y_Train,
7                          validation_split=0.2,
8                          epochs=20,
9                          batch_size=32,
10                         verbose=2)
11 scores = model.evaluate(x_Test,y_Test,batch_size=1024)
12 print(scores)
```

20.6　实验报告要求

实验报告须包含实验任务、实验平台、实验原理、实验步骤、实验数据记录、实验结果分析和实验结论等部分，特别是以下重点内容。

（1）分析循环神经网络的结构与原理，讨论其在文本处理中的适应性。

（2）LSTM 神经网络超参数的设置与调整。

（3）LSTM 神经网络在情感分析数据集上的性能分析与研究。

20.7　考核要求与方法

实验总分 100 分，通过实验报告进行考核，标准有以下 3 点。

（1）报告的规范性 10 分。报告中的术语、格式、图表、数据、公式、标注及参考文献是否符合规范要求。

（2）报告的严谨性 40 分。结构是否严谨，论述的层次是否清晰，逻辑是否合理，语言是否准确。

（3）实验的充分性 50 分。实验是否包含"实验报告要求"部分的 3 个重点内容，数据是否合理，是否有创新性成果或独立见解。

20.8　案例特色或创新

本实验的特色在于：培养学生应用 Keras 搭建循环神经网络，能够理解并应用 LSTM 神经网络实现文本中的情感分析，能够调整 LSTM 神经网络参数、提高神经网络性能，能够对实验结果进行有效的可视化展示；培养学生对复杂工程问题建模和分析的能力。

第 21 章

生成模型：VAE生成手写体数字

21.1　教 学 目 标

（1）能理解 VAE 模型的理论基础。

（2）能实现 VAE 模型。

（3）能够应用可视化方法研究并分析模型性能。

（4）提高对复杂工程问题建模和分析的能力。

21.2　实验内容与任务

本实验要求训练一个 VAE(variational autoencoder) 模型，使其可以生成手写数字图像，如图 21.1 所示。

图 21.1　数字图像

21.3　实验过程及要求

（1）实验环境要求：Windows/Linux 操作系统，Python 编译环境，keras、numpy、matplotlib 等程序库。

（2）学习理解生成模型、变分自动编码器的相关知识。

（3）下载 MNIST 数据集，构建 VAE 神经网络，进行训练。

（4）研究数字图像在隐变量空间的分布。

（5）观察生成的数字图像，研究其与输入隐变量的关系。

（6）评价 VAE 模型的生成效果。

（7）撰写实验报告。

21.4　相关知识及背景

生成模型（generative model）是概率统计和机器学习中的一类重要模型，采用无监督的方法学习数据的分布，从而能随机生成可观测数据。生成模型的应用十分广泛，如生成图像、文本、声音等。第 16 章中，采用 EM 算法学习估计混合高斯模型，但是其中的隐变量是数量有限的离散值。VAE 模型也是一种生成模型，其隐变量是连续值，因此能学习更复杂的分布。

VAE 模型包括两个模块，其编码模块将数据映射为低维的隐空间中的一个分布，根据该分布采样一个值，解码模块再对该值进行解码，尽量还原出原数据。经过训练后，解码模块单独使用时会构成一个生成器，它通过输入一个随机的隐变量，解码生成新的数据。

21.5　实验教学与指导

21.5.1　VAE 模型推导

生成模型能通过数据集 X，学习数据 x 的分布 $p(x)$，然后可以通过 $p(x)$ 进行采样，从而可以生成新的 x。假设系统中有一个标准正态分布的隐变量 z，可以通过 z 来控制 x 的生成。下面根据最大似然原理来计算 x 的分布，先计算 x 的对数似然，即

$$\log p(x) = \int_z q(z|x)\log p(x)\mathrm{d}z$$
$$= \int_z q(z|x)\log\frac{p(z,x)}{p(z|x)}\mathrm{d}z$$
$$= \int_z q(z|x)\log\frac{p(z,x)}{q(z|x)}\mathrm{d}z + q(z|x)\log\frac{q(z|x)}{p(z|x)}\mathrm{d}z \tag{21.1}$$

公式 (21.1) 右边第 2 项是一个 KL 距离，它总是不小于 0，因此右边第一项构成了 $\log p(x)$ 的下界，称为 ELBO (evidence lower bound)。现需要寻找分布 $q(z|x)$ 使得 ELBO 最大。

$$\mathrm{ELBO} = \int_z q(z|x)\log\frac{p(x|z)p(z)}{q(z|x)}\mathrm{d}z$$
$$= \int_z q(z|x)\log\frac{p(z)}{q(z|x)}\mathrm{d}z + \int_z q(z|x)\log p(x|z)\mathrm{d}z \tag{21.2}$$

现假设 z 服从 d 元标准正态分布，$q(z|x)$ 服从正态分布，并假设向量的各单元独立，则公式 (21.2) 的右边第一项可以计算为

$$\int_z q(z|x) \log \frac{p(z)}{q(z|x)} \mathrm{d}z = -\sum_{j=1}^{d} \frac{1}{2}(-1 + \sigma_j^2 + \mu_j^2 - \log \sigma_j^2) \qquad (21.3)$$

实际上，公式 (21.3) 计算的是分布 $p(z)$ 到 $q(z|x)$ 一个负的 KL 距离，意味最大化 ELBO 时 $q(z|x)$ 应逼近标准正态分布。

公式 (21.2) 的右边第二项可以基于 $q(z|x)$ 采样计算为

$$\int_z q(z|x) \log p(x|z) \mathrm{d}z \approx \frac{1}{m}\sum_{i=1}^{m} \log p(x|z_i) \qquad (21.4)$$

至此，我们可以用一个神经网络计算 $q(z|x)$，然后通过采样得到 z，用第二个神经网络计算 $p(x|z)$，利用 ELBO 完成两个神经网络的优化训练。神经网络的结构如图 21.2所示。由于采样操作导致优化时计算梯度困难，因此图 21.2中并不是直接用 $N(\mu_j, \sigma_j)$ 进行采样，而是先采样一个标准正态变量 e_j，再使用 $\mu_j + \sigma_j * e_j$ 作为采样值，这样的方案使得随机量 e_j 作为一个输入，不影响梯度的计算。这种方法称为重参数技巧。

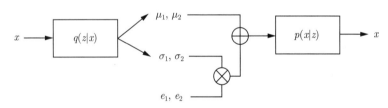

图 21.2　VAE 模块结构图

VAE 中，可将计算 $q(z|x)$ 部分称为编码器，计算 $p(x|z)$ 部分称为解码器。当训练完成之后，就可以使用解码器，用标准正态分布的 z 输入，生成 x。

21.5.2　算法实现参考

1. 下载数据集

```python
import numpy as np
import matplotlib.pyplot as plt
from scipy.stats import norm

from keras.layers import Input, Dense, Lambda
from keras.models import Model
```

```
 7  from keras import backend as K
 8  from keras.datasets import mnist
 9
10  batch_size = 1000
11  original_dim = 784          # 28×28
12  latent_dim = 2                      #隐变量 z 取二维
13  intermediate_dim = 256
14  epochs = 50
15
16  #加载 MNIST 数据集
17  (x_train, y_train_), (x_test, y_test_) = mnist.load_data()
18  x_train = x_train.astype('float32') / 255.
19  x_test = x_test.astype('float32') / 255.
20  x_train = x_train.reshape(
21      (len(x_train), np.prod(x_train.shape[1:])))
22  x_test = x_test.reshape(
23      (len(x_test), np.prod(x_test.shape[1:])))
```

2. 建立模型

```
 1  x = Input(shape=(original_dim,))
 2  h = Dense(intermediate_dim, activation='relu')(x)
 3  z_mean = Dense(latent_dim)(h)          #计算 z 的均值
 4  z_log_var = Dense(latent_dim)(h)       #计算 z 的 log 方差
 5
 6  #重参数技巧
 7  def sampling(args):
 8      z_mean, z_log_var = args
 9      epsilon = K.random_normal(shape=K.shape(z_mean))
10      return z_mean + K.exp(z_log_var / 2) * epsilon
11
12  #重参数层，采样得到 z
13  z = Lambda(sampling, output_shape=(latent_dim,)) \
14      ([z_mean, z_log_var])
15
16  #解码部分，也就是生成器
17  decoder_h = Dense(intermediate_dim, activation='relu')
18  decoder_mean = Dense(original_dim, activation='sigmoid')
19  h_decoded = decoder_h(z)
20  x_decoded_mean = decoder_mean(h_decoded)
```

```
21
22 #建立模型
23 vae = Model(x, x_decoded_mean)
```

3. 训练模型

```
1 kl_loss = - 0.5 * K.sum(        #ELBO 第一部分
2     1 + z_log_var - K.square(z_mean) - K.exp(z_log_var),
3     axis=-1)
4 xent_loss = K.sum(              #ELBO 第二部分
5     K.binary_crossentropy(x, x_decoded_mean), axis=-1)
6 vae_loss = K.mean(xent_loss + kl_loss)
7
8 vae.add_loss(vae_loss)
9 vae.compile(optimizer='rmsprop')
10 vae.summary()
11
12 vae.fit(x_train,
13        shuffle=True,
14        epochs=epochs,
15        batch_size=batch_size)
```

21.5.3　模型应用：观察 $q(z|x)$

```
1 #构建 encoder，然后观察测试集的数字在隐空间的分布
2 encoder = Model(x, z_mean)
3 x_test_encoded = encoder.predict(x_test, batch_size=batch_size)
4 plt.figure(figsize=(6, 6))
5 plt.scatter(x_test_encoded[:, 0],
6             x_test_encoded[:, 1],
7             c=y_test_)
8 plt.colorbar()
9 plt.show()
```

结果如图 21.3 所示，不同的数字在隐空间中聚集在不同的区域，反映了编码器也
具有聚类功能。

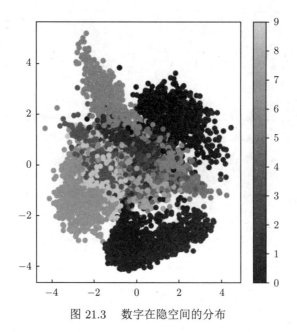

图 21.3　数字在隐空间的分布

21.5.4　模型应用：观察 $p(x|z)$

```
1  #构建生成器
2  decoder_input = Input(shape=(latent_dim,))
3  _h_decoded = decoder_h(decoder_input)
4  _x_decoded_mean = decoder_mean(_h_decoded)
5  generator = Model(decoder_input, _x_decoded_mean)
6  n = 15
7  digit_size = 28
8  figure = np.zeros((digit_size * n, digit_size * n))
9
10 #用正态分布的分位数来构建隐变量对
11 grid_x = norm.ppf(np.linspace(0.05, 0.95, n))
12 grid_y = norm.ppf(np.linspace(0.05, 0.95, n))
13
14 for i, yi in enumerate(grid_x):
15     for j, xi in enumerate(grid_y):
16         z_sample = np.array([[xi, yi]])
17         x_decoded = generator.predict(z_sample)
18         digit = x_decoded[0].reshape(digit_size, digit_size)
19         figure[i * digit_size: (i + 1) * digit_size,
20                 j * digit_size: (j + 1) * digit_size] = digit
21
```

```
22 plt.figure(figsize=(10, 10))
23 plt.imshow(figure, cmap='Greys_r')
24 plt.show()
```

结果如图 21.4 所示，可以看到当隐变量的一个维度连续变化时，生成图像的特征也是连续变化的。

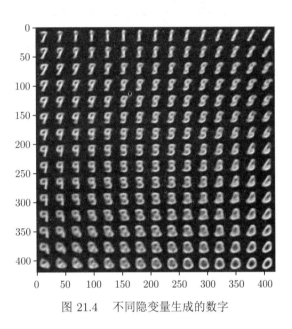

图 21.4　不同隐变量生成的数字

21.6　实验报告要求

实验报告须包含实验任务、实验平台、实验原理、实验步骤、实验数据记录、实验结果分析和实验结论等部分，特别是以下重点内容。

（1）VAE 模型的原理与实现。

（2）观察神经网络中间层的数据的方法、步骤。

（3）用可视化的方式展示模型计算结果。

（4）本章中的模型主要用线性层实现，讨论用卷积层实现的方案。

21.7　考核要求与方法

实验总分 100 分，通过实验报告进行考核，标准有以下 3 点。

（1）报告的规范性 10 分。报告中的术语、格式、图表、数据、公式、标注及参考文献是否符合规范要求。

（2）报告的严谨性 40 分。结构是否严谨，论述的层次是否清晰，逻辑是否合理，语言是否准确。

（3）实验的充分性 50 分。实验是否包含"实验报告要求"部分的 4 个重点内容，数据是否合理，是否有创新性成果或独立见解。

21.8　案例特色或创新

本实验的特色在于：培养学生应用神经网络实现 VAE 模型；使学生能够理解 VAE 模型的原理，能够观察并展示神经网络计算的中间数据和最终计算结果，能够分析和讨论模型性能；培养学生对复杂工程问题建模和分析的能力。

第 22 章

案例Python实现代码

22.1　启发式搜索：A* 算法 Python 实现代码

```python
from queue import Queue,PriorityQueue
import Tools
import numpy as np
import matplotlib.pyplot as plt
import math
class Point:
    def __init__(self,x:float,y:float, name:str):
        self.x = x
        self.y = y
        self.name = name

class Line:
    def __init__(self,p1:Point,p2:Point):
        self.u = p1
        self.v = p2

def distance(p1:Point,p2:Point):
    return pow((pow((p1.x-p2.x),2)+pow((p1.y-p2.y),2)),0.5)


def in_line(A,B,C):
    return (C.y-A.y) * (B.x-A.x) == (B.y-A.y) * (C.x-A.x)
def ccw(A,B,C):
    return (C.y-A.y) * (B.x-A.x) > (B.y-A.y) * (C.x-A.x)
def intersect(A,B,C,D):
    if in_line(A,C,D) or in_line(B,C,D) or\
        in_line(C,A,B) or in_line(D,A,B):
```

```
28          return False
29      return ccw(A,C,D) != ccw(B,C,D) \
30              and ccw(A,B,C) != ccw(A,B,D)
31
32  def shapeInteresect(l1:Line, points):
33      for i in range(0,len(points)):
34          for j in range(i, len(points)):
35              l = Line(points[i],points[j])
36              if intersect(l1.u,l1.v, points[i], points[j])\
37                  is True:
38                      return True
39      return False
40
41  class Problem():
42      def __init__(self,points,Adj,start, goal):
43          self.Adj=Adj                        #记录邻接矩阵备用
44          self.Points=points                  #记录每个顶点坐标备用
45          self.InitialState=start             #起始状态
46          self.GoalState=goal                 #目标状态
47      def GoalTest(self,state):               #测试是否到达目标
48          return state==self.GoalState
49      def Action(self,state):                 #获取某状态下的行为集合（邻点）
50          n=len(self.Adj)
51          res=[i for i in range(n)
52                  if Adj[i][state]<MAX and Adj[i][state]>0]
53          return res
54      def Result(self,state, action):    #在某状态下某行为后的新状态
55          return action                  #邻点既表示行为，也表示新状态
56      def StepCost(self,state,action):   #在某状态下某行为需要的费用
57          return self.Adj[state][action]
58
59
60  class Node():
61      def __init__(self,problem, parent=None,action=None):
62          #定义由父结点 parent 通过行为 action 生成的子结点
63          if parent == None:                          #起始结点
64              self.State=problem.InitialState
65              self.Parent=None
66              self.Action=None
```

```
67              self.PathCost=0
68          else:
69              self.State=problem.Result(parent.State,action)
70
71              self.Parent=parent        #记录此结点的父结点
72              self.Action=action        #记录生成此结点的行为
73              self.PathCost=parent.PathCost+problem.StepCost(\
74                      parent.State,action)#到此结点路径总费用
75
76          self.g=self.PathCost        #g 信息
77          self.h=Tools.distance(      #h 信息
78                      problem.Points[self.State],
79                      problem.Points[problem.GoalState])
80          self.f=self.g+self.h        #f 信息
81      def __lt__(self, other):
82          return other.f > self.f   #符号重载，用于优先队列对结点排序
83
84  def Solution(node):
85      s=[node.State]
86      while (node.Parent!=None):
87          s.insert(0, node.Parent.State)
88          node=node.Parent
89      return s
90
91  def Astar(problem):
92      node=Node(problem)            #起始结点
93      if problem.GoalTest(node.State):
94          return Solution(node)
95      frontier=PriorityQueue()    #前沿是 f 值最小优先的队列
96      frontier.put(node)            #起始结点进入前沿
97      explored=set()                #已探索状态记录区
98      while frontier.qsize()>0:
99          node=frontier.get()   #取出一个前沿结点
100         if problem.GoalTest(node.State):
101             print(node.PathCost,len(explored))
102             return Solution(node)
103         explored.add(node.State)                    #状态已探索
104         for action in problem.Action(node.State):#遍历行为
105             child=Node(problem,node,action)          #生成子结点
```

```
106                 if child.State not in explored:
107                     frontier.put(child)                    #子结点进入前沿
108
109  if __name__ == '__main__':
110      MAX=100000
111      n=35
112
113      s = Tools.Point(34.1, 113, 's')
114      a1 = Tools.Point(51.5, 180.5, "a1")
115      a2 = Tools.Point(51.5,240.5, "a2")
116      a3 = Tools.Point(242,180.5, "a3")
117      a4 = Tools.Point(242,240.5, "a4")
118
119      b1 = Tools.Point(101,9.8, "b1")
120      b2 = Tools.Point(31.8,72.4, "b2")
121      b3 = Tools.Point(43,134.8, "b3")
122      b4 = Tools.Point(109.2,150, "b4")
123      b5 = Tools.Point(145.4,70.6, "b5")
124
125      c1 = Tools.Point(172.9,59.8, "c1")
126      c2 = Tools.Point(147.1,155.4, "c2")
127      c3 = Tools.Point(200.4,155.4, "c3")
128
129      d1 = Tools.Point(204.8,15, "d1")
130      d2 = Tools.Point(204.8,91.4, "d2")
131      d3 = Tools.Point(251.9,9.8, "d3")
132      d4 = Tools.Point(284.6,44.4, "d4")
133
134      e1 = Tools.Point(251.7,124, "e1")
135      e2 = Tools.Point(270,211, "e2")
136      e3 = Tools.Point(309.9,173.4, "e3")
137
138      f1 = Tools.Point(295.6,16.4, "f1")
139      f2 = Tools.Point(375.5,16.4, "f2")
140      f3 = Tools.Point(295.6,142.5, "f3")
141      f4 = Tools.Point(375.5,142.5, "f4")
142
143      h1 = Tools.Point(415,14.4, "h1")
144      h2 = Tools.Point(385.8,33.3, "h2")
```

```
145     h3 = Tools.Point(437.3,37.9, "h3")
146     h4 = Tools.Point(425.5,156.9, "h4")
147
148     i1 = Tools.Point(384,148.7, "i1")
149     i2 = Tools.Point(340.7,178, "i2")
150     i3 = Tools.Point(340.7,221.7, "i3")
151     i4 = Tools.Point(377.2,244.3, "i4")
152     i5 = Tools.Point(416.3,224.7, "i5")
153     i6 = Tools.Point(416.3,177, "i6")
154
155     g = Tools.Point(448.4,19, "g")
156
157
158     shapeA = [a1,a2,a3,a4]
159     shapeB = [b1,b2,b3,b4,b5]
160     shapeC = [c1,c2,c3]
161     shapeD = [d1,d2,d3,d4]
162     shapeE = [e1,e2,e3]
163     shapeF = [f1,f2,f3,f4]
164     shapeH = [h1,h2,h3,h4]
165     shapeI = [i1,i2,i3,i4,i5,i6]
166     shapeAll = [shapeA,shapeB,shapeC,shapeD,shapeE,shapeF,shapeH,shapeI]
167
168     points = [s,
169               a1,a2,a3,a4,
170               b1,b2,b3,b4,b5,
171               c1,c2,c3,
172               d1,d2,d3,d4,
173               e1,e2,e3,
174               f1,f2,f3,f4,
175               h1,h2,h3,h4,
176               i1,i2,i3,i4,i5,i6,
177               g]
178     def getArrary():
179         n=len(points)
180         a = np.zeros([n,n])
181         for i in range(0,n):
182             for j in range(i,n):
183                 l = Tools.Line(points[i],points[j])
```

```
184                         a[i,j] = Tools.distance(points[i],points[j])
185                     for shape in shapeAll:
186                         if Tools.shapeInteresect(l,shape)is True:
187                             a[i,j] = MAX
188                     a[j,i]=a[i,j]
189         return a
190     def Draw(shapes,points,Adj,solution):
191         font = {'family' : 'SimHei',
192         'weight' : 'bold',
193         'size' : '12'}
194         plt.rc('font', **font)
195         fig = plt.figure()
196         n=len(points)
197         ax = fig.add_subplot(1,1,1)
198         ax.tick_params(labelbottom=False,labeltop=True)
199         ax.set_ylim(300,0)
200         ax.set_xlim(0,500)
201
202         for s in shapes:
203             for p in s:
204                 for q in s:
205                     plt.plot([p.x,q.x],[p.y,q.y],
206                             color="black")
207         for i in range(len(solution)-1):
208             plt.plot([points[solution[i]].x,
209                     points[solution[i+1]].x],
210                     [points[solution[i]].y,
211                     points[solution[i+1]].y],color="red")
212
213         plt.text(points[0].x,points[0].y,"S",color="black")
214         plt.text(points[-1].x,points[-1].y,"G",color="black")
215         plt.show()
216
217 Adj=getArrary()
218 p=Problem(points,Adj, 0,34)
219
220 s=Astar(p)
221 print(s)
222 Draw(shapeAll,points,Adj,s)
```

22.2 局部搜索：八皇后问题 Python 实现代码

```python
1  import random
2  import copy
3  import numpy as np
4
5  def Value(state):
6      attack=0
7      for i in range(len(state)):
8          for j in range(i+1,len(state)):
9              if state[i]==state[j] or \
10                 abs(state[i]-state[j])==abs(i-j):
11                 attack =attack+1
12
13     return attack
14
15 class Problem():
16     def __init__(self,start):
17         self.InitialState=start
18
19 class Node():
20     def __init__(self,state,Taboo=[]):
21         self.State=state
22         self.Value=Value(state)
23         self.Taboo=Taboo          #记录不能访问的邻居
24     def AllNeighbors(self):       #所有可访问邻居
25         Nbs=[]
26         state=self.State
27         for i in range(len(state)):
28             for j in range(1,len(state)):
29                 s=copy.deepcopy( state )
30                 s[i]=(state[i]+j)%(len(state))
31                 if s not in self.Taboo:
32                     Nbs.append(s)
33         return Nbs
34     def LowestSucessor(self):     #目标值最小后继
35         Nbs=self.AllNeighbors()
36         val=[Value(s) for s in Nbs]
```

```
37        return Nbs[np.argmin(val)]
38
39    def RandLowSucessor(self):              #目标值比当前状态小的后继
40        Nbs=self.AllNeighbors()
41        low=[s for s in Nbs if Value(s)< Value(self.State)]
42        return self.State if len(low)==0 \
43              else random.choice(low)
44    def RandSucessor(self):              #随机后继
45        Nbs=self.AllNeighbors()
46        return random.choice(Nbs)
47
48 def GreedyHillClimbing(problem):
49    current=Node(problem.InitialState)
50    while True:
51        sucessor=Node(current.LowestSucessor())
52        if sucessor.Value>=current.Value:    #局部最优
53            return current.State
54        else:                              #下降的后继
55            current=sucessor
56    return current
57
58 def RandHillClimbing(problem):
59    current=Node(problem.InitialState)
60    while True:
61        sucessor=Node(current.RandLowSucessor())
62        if sucessor.Value>=current.Value:
63            return current.State
64        current=sucessor
65
66 def TranslationHillClimbing(problem, lim):
67    # lim 是允许侧向移动的次数
68    count=0
69    Taboo=[]
70    current=Node(problem.InitialState)
71    while True:
72        sucessor=Node(current.LowestSucessor(),Taboo)
73        if sucessor.Value>current.Value:          #局部最优
74            return current.State
75        elif sucessor.Value==current.Value:    #高原区的后继
```

```python
76          if count>lim:
77              return current.State
78          else:
79              count +=1
80              Taboo.append(current.State)
81              current=sucessor
82      else:                                    #下降的后继
83          current=sucessor
84          Taboo=[]
85          count=0
86
87  def SA(problem, schedule):
88      MAX=1000
89      current=Node(problem.InitialState)
90      for i in range(MAX):
91          T=schedule[i]
92          if current.Value<1 or T<1:
93              return current.State
94          sucessor= Node(current.RandSucessor())
95
96          dE=sucessor.Value-current.Value
97          P=0.1*math.exp(-dE/T)
98          if dE<0 or random.random()<P:
99              current=sucessor
100     return current.State
101
102 if __name__ == '__main__':
103
104     schedule=range(1000,0,-1)
105     count=0
106     for i in range(100):
107         s=[]
108         for i in range(8):
109             s.append(random.randint(0,7))
110         p=Problem(s)
111         #s=RandHillClimbing(p)
112         #s=SA(p,schedule)
113         #s=GreedyHillClimbing(p)
114         s=TranslationHillClimbing(p,100)
```

```
115
116        if Value(s)==0:
117            count=count+1
118    print(count)
```

22.3　对抗与博弈：井字棋 Python 实现代码

```
1  #本节是基于 http://aima.cs.berkeley.edu 的示例代码
2  import copy
3  import itertools
4  import random
5  from collections import namedtuple
6  import numpy as np
7
8  GameState = namedtuple('GameState', 'to_move, utility, board, moves')
9
10 def minmax_player(game,state):
11     player = game.to_move(state)
12
13     def max_value(state): #Max 结点计算 Minimax
14         if game.terminal_test(state):
15             return game.utility(state, player)
16         v = -np.inf
17         for a in game.actions(state):
18             v = max(v, min_value(game.result(state, a)))
19         return v
20
21     def min_value(state):  #Min 结点计算 Minimax
22         if game.terminal_test(state):
23             return game.utility(state, player)
24         v = np.inf
25         for a in game.actions(state):
26             v = min(v, max_value(game.result(state, a)))
27         return v
28
29     return max(game.actions(state),
30                key=lambda a:min_value(game.result(state,a)))
31     #玩家将自己当作 Max，构建 Minimax 决策树，选择最大 Minimax 行棋。
32
```

```python
def query_player(game, state):
    print("current state:")
    game.display(state)
    print("available moves: {}".format(game.actions(state)))
    print("")
    move = None
    if game.actions(state):
        move_string = input('Your move? ')
        try:
            move = eval(move_string)
        except NameError:
            move = move_string
    else:
        print('no legal moves: passing turn to next player')
    return move


class Game:
    def actions(self, state):           #某状态下的行为集合
        raise NotImplementedError
    def result(self, state, move):      #采取某行为后的新状态
        raise NotImplementedError
    def terminal_test(self, state):     #判定是否终止状态
        return NotImplementedError
    def utility(self, state, player):   #此函数返回针对 player 的效用
        if player == self.initial.to_move:
            return state.utility
        else:
            return -state.utility
    def to_move(self, state):           #获取当前状态下哪个玩家行棋
        return state.to_move
    def display(self, state):           #显示当前状态下的棋盘
        print(state)
    def play_game(self, *players):      #players 是玩家列表
                                        #每个 player 函数确定自己的行棋
        state = self.initial
        while True:
            for player in players:
                move = player(self, state)  #player 决定一个行棋
                state = self.result(state, move)
```

```python
72              if self.terminal_test(state):
73                  self.display(state)
74                  return self.utility(
75                      state,self.to_move(self.initial))
76
77
78  class TicTacToe(Game):
79      def __init__(self, h=3, v=3, k=3):
80          self.h = h   #棋盘行数
81          self.v = v   #棋盘列数
82          self.k = k   #k 个棋子连线算胜利
83          moves = [(x, y) for x in range(1, h + 1)
84                  for y in range(1, v + 1)]
85          self.initial = GameState(to_move='X',
86                                   utility=0,
87                                   board={},
88                                   moves=moves)
89
90      def actions(self, state):
91          return state.moves
92
93      def result(self, state, move):
94          if move not in state.moves:
95              return state   #非法行棋时，将放弃行棋机会
96          board = state.board.copy()
97          board[move] = state.to_move
98          moves = list(state.moves)
99          moves.remove(move)
100         return GameState(
101             to_move=('O' if state.to_move = 'X' else 'X'),
102             utility=self.compute_utility(
103                 board, move, state.to_move),
104             board=board, moves=moves)
105
106     def terminal_test(self, state):
107         return state.utility != 0 or len(state.moves) = 0
108
109     def display(self, state):   #打印棋盘 state.board
110         board = state.board
```

```
111         for x in range(1, self.h + 1):
112             for y in range(1, self.v + 1):
113                 print(board.get((x, y), '.'), end=' ')
114             print()
115
116     def compute_utility(self, board, move, player):
117     #判断 0°、90°、±45° 4 个方向是否 k 子连线，确定棋局效用值。
118         if (self.k_in_row(board, move, player, (0, 1)) or
119                 self.k_in_row(board,move,player,(1, 0)) or
120                 self.k_in_row(board,move,player,(1,-1)) or
121                 self.k_in_row(board, move, player, (1, 1))):
122             return +1 if player=self.to_move(self.initial) \
123                     else -1
124         else:
125             return 0
126
127     def k_in_row(self, board, move, player, delta_x_y):
128     #从当前行棋位置开始，在方向 delta_x_y 上判断是否 k 子连线
129         (delta_x, delta_y) = delta_x_y
130         x, y = move
131         n = 0
132         while board.get((x, y)) = player:
133             n += 1
134             x, y = x + delta_x, y + delta_y
135         x, y = move
136         while board.get((x, y)) = player:
137             n += 1
138             x, y = x - delta_x, y - delta_y
139         n -= 1
140         return n >= self.k
141
142
143 if __name__ = '__main__':
144     g=TicTacToe()
145     g.play_game(minmax_player,query_player)
```

22.4 命题逻辑推理：怪兽世界 Python 实现代码

```python
1   #基于 http://aima.cs.berkeley.edu 示例代码
2   import collections
3   from collections import defaultdict, Counter
4   class Expr:
5       def __init__(self, op, *args):  #表达式包含操作符和若干参数
6           self.op = str(op)
7           self.args = args
8
9       def __invert__(self):                   #重载逻辑非
10          return Expr('~', self)
11
12      def __and__(self, rhs):                 #重载逻辑与
13          return Expr('&', self, rhs)
14
15      def __or__(self, rhs):                  #重载逻辑或
16          if isinstance(rhs, Expr):
17              return Expr('|', self, rhs)
18          else:   #处理 ==> 类符号，A==>B 已经转换为 A|'=='|B
19              return PartialExpr(rhs, self)
20
21      def __eq__(self, other):
22          return isinstance(other,Expr) and self.op=other.op\
23              and self.args = other.args
24
25      def __hash__(self):
26          return hash(self.op) ^ hash(self.args)
27
28      def __repr__(self):
29          op = self.op
30          args = [str(arg) for arg in self.args]
31          if op.isidentifier():  # f(x) or f(x, y)
32              return '{}({})'.format(op, ', '.join(args)) \
33                      if args else op
34          elif len(args) = 1:  # -x or -(x + 1)
35              return op + args[0]
36          else:  # (x - y)
```

```
37              opp = (' ' + op + ' ')
38              return '(' + opp.join(args) + ')'
39
40  class PartialExpr:
41
42      def __init__(self, op, lhs):
43          self.op, self.lhs = op, lhs
44
45      def __or__(self, rhs):
46          return Expr(self.op, self.lhs, rhs)
47
48      def __repr__(self):
49          return "PartialExpr('{}', {})".format(\
50              self.op, self.lhs)
51
52
53  def expr(x):
54      if isinstance(x, str):
55          for op in ['==>', '<==', '<=>']:
56              x = x.replace(op, '|' + repr(op) + '|')
57          return eval(x, defaultkeydict(Symbol))
58          #eval 用符号分割子串，子串作为原子命题。
59      else:
60          return x
61
62  def Symbol(name):    #处理原子命题
63       return Expr(name)
64
65  class defaultkeydict(collections.defaultdict):
66      #类似 defaultdict，但是使用 default_factory 来对 key 进行处理。
67      def __missing__(self, key):
68          self[key] = result = self.default_factory(key)
69          return result
70
71      def __missing__(self, key):
72          self[key] = result = self.default_factory(key)
73          return result
74
75  class KB:
```

```
76    def __init__(self, sentence=None):
77        self.rules = []                              #储存规则
78        if sentence:
79            self.tell(sentence)
80
81    def tell(self, sentence):                        #增加规则
82        self.rules.append(expr(sentence))
83
84    def ask(self, query):                #通过枚举方法检查是否可以推导出 query
85        return tt_entails(Expr('&', *self.rules), expr(query))
86
87 def tt_entails(kb, alpha):                           #由 KB 推导出 alpha
88    symbols = list(prop_symbols(kb & alpha))         #分解所有的命题词
89    return tt_check_all(kb, alpha, symbols, {})      #枚举所有命题词的各种赋值,
                                                        #并检查 kb 是否蕴含 alpha
90
91 def prop_symbols(x):
92    if not isinstance(x, Expr):
93        return set()
94    elif is_prop_symbol(x.op):      #原子语句,操作符为单命题词
95        return {x}
96    else:                            #符合语句,递归分解操作参数
97        return {symbol for arg in x.args
98                for symbol in prop_symbols(arg)}
99
100 def tt_check_all(kb, alpha, symbols, model):
101    if not symbols:                  #各命题词都已纳入了模型
102        if pl_true(kb, model):       #模型满足 kb
103            result = pl_true(alpha, model) #是否满足语句 alpha
104            assert result in (True, False)
105            return result
106        else:
107            return True
108    else:                            #递归,枚举每个命题词的不同赋值
109        P, rest = symbols[0], symbols[1:]
110        model[P]=True
111        res1=tt_check_all(kb, alpha, rest, model)
112        model[P]=False
113        res2=tt_check_all(kb, alpha, rest, model)
```

```python
114        return res1 and res2
115
116  def is_prop_symbol(s):                    #命题词是首字母大写
117      return isinstance(s, str) and s[0].isupper()
118
119  def pl_true(exp, model={}):
120      #exp 是一个表达式，model 是一个以命题词为 key 的词典
121      if exp in (True, False):
122          return exp
123      op, args = exp.op, exp.args
124      if is_prop_symbol(op):                #原子语句
125          return model.get(exp)
126      elif op = '~':
127          p = pl_true(args[0], model)
128          if p is None:
129              return None
130          else:
131              return not p
132      elif op = '|':
133          result = False
134          for arg in args:
135              p = pl_true(arg, model)
136              if p is True:
137                  return True
138              if p is None:
139                  result = None
140          return result
141      elif op = '&':
142          result = True
143          for arg in args:
144              p = pl_true(arg, model)
145              if p is False:
146                  return False
147              if p is None:
148                  result = None
149          return result
150
151      p, q = args                           #到此时应是蕴含表达式
152      if op == '==>':
```

```
153        return pl_true(~p | q, model)          #根据公式 (4.1) 处理 =>
154
155    pt = pl_true(p, model)                      #根据公式 (4.2) 处理 <=>
156    if pt is None:
157        return None
158    qt = pl_true(q, model)
159    if qt is None:
160        return None
161    if op = '<=>':
162        return pt = qt
163    else:
164        raise ValueError(
165            'Illegal operator in logic expression' + str(exp))
166
167 if __name__ = '__main__':
168    s=expr('A11&B')
169    print(s)
170    kb=KB()
171
172    kb.tell('~P11')
173    kb.tell('~B11')
174    kb.tell('B21')
175    kb.tell('B11<=>(P12|P21)')
176    kb.tell('B21<=>(P11|P22|P31)')
177
178    print(kb.rules)
179    print(kb.ask('~P12'))
180    print(kb.ask('~P22'))
```

22.5 贝叶斯网络：比赛结果预测 Python 实现代码

```
1 import random
2 import numpy as np
3
4 PA=[0.3,0.3,0.2,0.2]
5 PB=[0.4,0.4,0.1,0.1]
6 PC=[0.2,0.2,0.3,0.3]
7
8 PS=\
```

```
9    [[[0.2,0.6,0.2],[0.1,0.3,0.6],[0.05,0.2,0.75],[0.01,0.1,0.89]],
10   [[0.6,0.3,0.1],[0.2,0.6,0.2],[0.1,0.3,0.6],[0.05,0.2,0.75]],
11   [[0.75,0.2,0.05],[0.6,0.3,0.1],[0.2,0.6,0.2],[0.1,0.3,0.6]],
12   [[0.89,0.1,0.01],[0.75,0.2,0.05],[0.6,0.3,0.1],[0.2,0.6,0.2]]]
13   def normal(x):
14       return x/np.sum(x)
15
16   def direct_cal():
17       res=[0,0,0]
18       for XA in range (4):
19           for XB in range (4):
20               for XC in range (4):
21                   for sBC in range (3):
22                       res[sBC] += PA[XA]*PB[XB]*PC[XC]\
23                           *PS[XA][XB][0]\
24                           *PS[XA][XC][1]\
25                           *PS[XB][XC][sBC]
26       return normal(res)    #normal(X)=X/sum(X) 将计数变成概率
27
28   def reject_sampling():
29       n=5000
30       res=[0,0,0]
31       for i in range(n):
32           XA=np.random.choice(4,p=PA)
33           XB=np.random.choice(4,p=PB)
34           XC=np.random.choice(4,p=PC)
35           sAB=np.random.choice(3,p=PS[XA][XB])
36           sAC=np.random.choice(3,p=PS[XA][XC])
37           sBC=np.random.choice(3,p=PS[XB][XC])
38           if sAB==0 and sAC==1:
39               res[sBC]+=1
40       return normal(res)
41
42   def likehood_weighting():
43       n=5000
44       res=[0,10,0]
45       for i in range(n):
46           w=1
47           XA=np.random.choice(4,p=PA)
```

```
48          XB=np.random.choice(4,p=PB)
49          XC=np.random.choice(4,p=PC)
50
51          w=w*PS[XA][XB][0]   #sAB 加权
52          w=w*PS[XA][XC][1]   #sAC 加权
53
54          sBC=np.random.choice(3,p=PS[XB][XC])
55          res[sBC]+=w
56      return normal(res)
57
58  def Gibs():
59      n=4999
60      res=[0,0,0]
61      XA,XB,XC,sAB,sAC,sBC=0,0,1,0,1,1
62      for k in range(n):
63          _PA=normal([PA[i]*PS[i][XB][sAB]*PS[i][XC][sAC] \
64                  for i in range(4)])
65          XA=np.random.choice(4,p=_PA)
66
67          _PB=normal([PB[i]*PS[XA][i][sAB]*PS[i][XC][sBC] \
68                  for i in range(4)])
69          XB=np.random.choice(4,p=_PB)
70
71          _PC=normal([PC[i]*PS[XA][i][sAC]*PS[XB][i][sBC] \
72                  for i in range(4)])
73          XC=np.random.choice(4,p=_PC)
74
75          sBC=np.random.choice(3,p=PS[XB][XC])
76          res[sBC]+= 1
77      return normal(res)
78
79  if __name__ = '__main__':
80      print(direct_cal())
81      print(reject_sampling())
82      print(likehood_weighting())
83      print(Gibs())
```

22.6　隐马尔可夫模型：机器人定位 Python 实现代码

```python
import random
import numpy as np

PA=[0.3,0.3,0.2,0.2]
PB=[0.4,0.4,0.1,0.1]
PC=[0.2,0.2,0.3,0.3]

PS=\
[[[0.2,0.6,0.2],[0.1,0.3,0.6],[0.05,0.2,0.75],[0.01,0.1,0.89]],
[[0.6,0.3,0.1],[0.2,0.6,0.2],[0.1,0.3,0.6],[0.05,0.2,0.75]],
[[0.75,0.2,0.05],[0.6,0.3,0.1],[0.2,0.6,0.2],[0.1,0.3,0.6]],
[[0.89,0.1,0.01],[0.75,0.2,0.05],[0.6,0.3,0.1],[0.2,0.6,0.2]]]
def normal(x):
    return x/np.sum(x)

def direct_cal():
    res=[0,0,0]
    for XA in range (4):
        for XB in range (4):
            for XC in range (4):
                for sBC in range (3):
                    res[sBC] += PA[XA]*PB[XB]*PC[XC]\
                                *PS[XA][XB][0]\
                                *PS[XA][XC][1]\
                                *PS[XB][XC][sBC]
    return normal(res)    #normal(X)=X/sum(X) 将计数变成概率

def reject_sampling():
    n=5000
    res=[0,0,0]
    for i in range(n):
        XA=np.random.choice(4,p=PA)
        XB=np.random.choice(4,p=PB)
        XC=np.random.choice(4,p=PC)
        sAB=np.random.choice(3,p=PS[XA][XB])
        sAC=np.random.choice(3,p=PS[XA][XC])
```

```
37          sBC=np.random.choice(3,p=PS[XB][XC])
38          if sAB==0 and sAC==1:
39              res[sBC]+=1
40      return normal(res)
41
42  def likehood_weighting():
43      n=5000
44      res=[0,10,0]
45      for i in range(n):
46          w=1
47          XA=np.random.choice(4,p=PA)
48          XB=np.random.choice(4,p=PB)
49          XC=np.random.choice(4,p=PC)
50
51          w=w*PS[XA][XB][0]   #sAB 加权
52          w=w*PS[XA][XC][1]   #sAC 加权
53
54          sBC=np.random.choice(3,p=PS[XB][XC])
55          res[sBC]+=w
56      return normal(res)
57
58  def Gibs():
59      n=4999
60      res=[0,0,0]
61      XA,XB,XC,sAB,sAC,sBC=0,0,1,0,1,1
62      for k in range(n):
63          _PA=normal([PA[i]*PS[i][XB][sAB]*PS[i][XC][sAC] \
64                      for i in range(4)])
65          XA=np.random.choice(4,p=_PA)
66
67          _PB=normal([PB[i]*PS[XA][i][sAB]*PS[i][XC][sBC] \
68                      for i in range(4)])
69          XB=np.random.choice(4,p=_PB)
70
71          _PC=normal([PC[i]*PS[XA][i][sAC]*PS[XB][i][sBC] \
72                      for i in range(4)])
73          XC=np.random.choice(4,p=_PC)
74
75          sBC=np.random.choice(3,p=PS[XB][XC])
```

```
76          res[sBC]+= 1
77      return normal(res)
78
79  if __name__ == '__main__':
80      print(direct_cal())
81      print(reject_sampling())
82      print(likehood_weighting())
83      print(Gibs())
```

22.7　卡尔曼滤波器：运动跟踪 Python 实现代码

```
1   import matplotlib.pyplot as plt
2   import numpy as np
3   from scipy import stats
4
5   class Kalman():
6       def __init__(self,F,SigX,H,SigZ):
7           self.F=F
8           self.H=H
9           self.SigX=SigX
10          self.SigZ=SigZ
11
12      def Sample(self):              #生成 20 个时间点的观测数据
13          X=np.zeros((20,4))
14          X[0]=np.array([0,0,10,10])
15
16          for i in range(1,20):      #生成真实状态
17              X[i]=stats.multivariate_normal.rvs(
18                  self.F @ X[i-1], self.SigX,1)
19          self.X=X
20
21          Z=np.zeros((20,2))
22          for i in range(20):        #生成观测
23              Z[i]=stats.multivariate_normal.rvs(
24                  self.H @ X[i], self.SigZ,1)
25          self.Z=Z
26
27      def work(self):
28          Mu=np.zeros((20,4))
```

```
29          Sig=np.zeros((20,4,4))
30          Mu[0]=np.array([self.Z[0,0],self.Z[0,1], 12, 12] )
31          Sig[0]=self.SigX
32
33          for i in range(1,20):
34              P=self.F@Sig[i-1]@self.F.T+self.SigX
35              K=P@self.H.T@np.linalg.inv(
36                  self.H@P@self.H.T+self.SigZ)       #公式 (7.5)
37              FMu=self.F@Mu[i-1]
38
39              Mu[i]=FMu+ K@(self.Z[i]-self.H@FMu) #公式 (7.3)
40              I=np.eye(self.SigX.shape[1])
41
42              Sig[i]=(I-K@H)@P                        #公式 (7.4)
43
44          self.Mu=Mu
45          self.Sig=Sig
46          print(Mu)
47
48  if __name__ == '__main__':
49      F=np.array([[1,0,1,0],
50                  [0,1,0,1],
51                  [0,0,1,0],
52                  [0,0,0,1]])
53      SigX=np.array([[2,0,0,0],
54                     [0,2,0,0],
55                     [0,0,0.01,0],
56                     [0,0,0,0.01]])
57      H=np.array([[1,0,0,0],
58                  [0,1,0,0]])
59      SigZ=np.array([[20,0],
60                     [0,20]])
61      Kalman_filter=Kalman(F,SigX,H,SigZ)
62      Kalman_filter.Sample()
63      Kalman_filter.work()
64      #绘制曲线图
65      plt.plot(Kalman_filter.Mu[:,0],Kalman_filter.Mu[:,1],\
66              ls="-",color="r",marker ="o",label="filtered")
67      plt.plot(Kalman_filter.X[:,0],Kalman_filter.X[:,1], \
```

```
68              ls="-",color="g",marker ="v",label="true")
69     plt.plot(Kalman_filter.Z[:,0],Kalman_filter.Z[:,1],\
70              ls="-",color="k",marker ="^",label="observed")
71     plt.legend()
72     plt.show()
```

22.8　马尔可夫决策：机器人导航 Python 实现代码

```
1   import random
2   import copy
3   import numpy as np
4   from scipy import linalg
5
6   class Env():
7       def __init__(self,name):
8           self.Name=name
9           self.N=11
10          self.A=np.arange(4)  #{Right, Down, Left, Up}
11          self.X=np.arange(self.N)
12          self.makeP()  #定义转移矩阵
13          self.makeR()  #定义报酬向量
14          self.Gamma=1          #折扣
15          self.StartState=0
16          self.EndStates=[6,10]
17
18      def action(self,x,a):
19      #环境模型通过 action 函数告知 Agent 报酬及新状态
20          x_=np.random.choice(self.N,p=self.P[x,a,:])
21          return x_
22
23      def makeP(self):
24          blocks=[5]
25          X2RowCol={}
26          x=0
27          for i in range(12):
28              if i not in blocks:
29                  X2RowCol[x]=divmod(i,4)
30                  x += 1
31          self.X2RowCol=X2RowCol
```

```
32
33          RowCol2X={}
34          for x in range(11):
35              RowCol2X[X2RowCol[x]]=x
36          self.RowCol2X=RowCol2X
37
38          def neighbour(row,col):
39              ne=[]
40              if (row,col-1) in RowCol2X:
41                  ne.append(RowCol2X[(row,col-1)])
42              if (row,col+1) in RowCol2X:
43                  ne.append(RowCol2X[(row,col+1)])
44              if (row-1,col) in RowCol2X:
45                  ne.append(RowCol2X[(row-1,col)])
46              if (row+1,col) in RowCol2X:
47                  ne.append(RowCol2X[(row+1,col)])
48              return ne
49          def rel_pos(x1,x2):
50              (row1,col1)=X2RowCol[x1]
51              (row2,col2)=X2RowCol[x2]
52              if row1<row2:
53                  return 3
54              elif row1>row2:
55                  return 1
56              elif col1<col2:
57                  return 0
58              else:
59                  return 2
60          P=np.zeros((11, 4, 11))
61          for x in self.X:
62              (row,col)=X2RowCol[x]
63              ne=neighbour(row,col)
64              for x_ in ne:
65                  d=rel_pos(x,x_)
66                  P[x,d,x_]=0.8
67                  P[x,(d+1)%4,x_]=0.1
68                  P[x,(d+3)%4,x_]=0.1
69          for x in self.X:
70              for d in range(4):
```

```
71                    P[x,d,x]=1-sum(P[x,d,:])
72          P[6,:,:]=0
73          P[10,:,:]=0
74          self.P=P
75      def makeR(self):
76          self.R=np.ones(11)*(-0.02)
77          self.R[6]=-1
78          self.R[10]=1
79
80  def ValueIter(E):
81      U=np.zeros(E.N)
82      U_=np.zeros(E.N)
83      delta=1
84      while delta>0.0001:
85          U=np.copy(U_)
86          U_=E.R+E.Gamma*np.max(np.dot(E.P[:,:,:],U),axis=1)
87          delta = np.max(np.abs(U-U_))
88      Pai=np.argmax(np.dot(E.P[:,:,:],U),axis=1)
89      return U,Pai
90
91  def Eval(E,Pai):
92      A=np.zeros((E.N,E.N))
93      for i in range(E.N):
94          A[i,:]=E.Gamma*E.P[i,Pai[i],:]
95      A=A-np.identity(E.N)
96      b=-E.R
97      U=linalg.solve(A, b)
98      return U
99
100 def PolicyIter(E):
101     Pai=np.zeros(E.N,dtype=np.int)            #初始策略
102     change=True
103     while change:
104         U=Eval(E,Pai)            #计算该策略下的最大效用
105         change=False
106         for x in E.X:
107             if np.max(np.dot(E.P[x,:,:],U))\
108                 >np.dot(E.P[x,Pai[x],:],U)+1E-5:
109                     Pai[x]=np.argmax(np.dot(E.P[x,:,:],U))
```

```
110                  change=True
111       return U,Pai
112
113  if __name__ == '__main__':
114       E=Env("Robot")
115
116       U,Pai=ValueIter(E)
117       print(U,Pai)
118
119       U,Pai=PolicyIter(E)
120       print(U,Pai)
```

22.9 决策树学习：红酒分类 Python 实现代码

```python
1  from sklearn.tree import DecisionTreeClassifier
2  from sklearn.tree import export_graphviz
3  from sklearn.datasets import load_wine
4  from sklearn.model_selection import train_test_split
5  from sklearn.metrics import classification_report
6  import graphviz
7
8  wine= load_wine()
9  print(wine.data.shape)
10 print(wine.data)
11 print(wine.target)
12 print(wine.feature_names)
13 print(wine.target_names)
14
15 Xtrain,Xtest,Ytrain,Ytest=train_test_split(
16     wine.data,wine.target,test_size=0.3,
17     random_state=420)
18 model=DecisionTreeClassifier(criterion="entropy")
19 model.fit(Xtrain,Ytrain)
20
21 dot_data=export_graphviz(model)
22 graph = graphviz.Source(dot_data)
23 graph.view('Tree')
24
25 print(dot_data)
```

```
26  Ypredict=model.predict(Xtest)
27  print(classification_report(Ytest, Ypredict))
28
29  print(model.score(Xtrain,Ytrain))
30  print(model.score(Xtest,Ytest))
```

22.10　线性回归：糖尿病病情预测 Python 实现代码

```
1   from sklearn import datasets
2   from sklearn.model_selection import train_test_split
3   import numpy as np
4   from tensorflow.keras.models import Sequential
5   from tensorflow.keras.layers import Dense
6   from tensorflow.keras import optimizers
7   from tensorflow.keras import regularizers
8   from sklearn.metrics import r2_score
9
10  diabetes = datasets.load_diabetes()
11  x_train, x_test, y_train, y_test = train_test_split(
12      diabetes.data, diabetes.target, test_size=0.3,
13      random_state=420)
14
15  I=np.ones(x_train.shape[0])
16
17  x1_train=np.insert(x_train, 0, 1, axis=1)
18  #在每个特征向量 x 前增加元素 1
19  XTX=np.dot(x1_train.T, x1_train)
20  w=np.dot(np.dot(np.linalg.inv(XTX),x1_train.T),y_train)
21  print("w=",w[1:])
22  print("b=",w[0])
23
24  model = Sequential()
25  model.add(Dense(input_dim=x_train.shape[1],units=1,
26                  kernel_regularizer = None))
27  model.compile(loss='mse',
28                optimizer=optimizers.RMSprop(lr=0.1))
29
30  for epoch in range(15000):
31      cost = model.train_on_batch(x_train, y_train)
```

```
32      if epoch % 1000 == 0:
33          print("epoch %d , cost: %f" % (epoch, cost))
34
35  w, b = model.layers[0].get_weights()
36  print('Weights=', w, '\nbiases=', b)
37
38  print(r2_score(y_train, model.predict(x_train)))
39  print(r2_score(y_test, model.predict(x_test)))
```

22.11　线性分类：乳腺癌诊断 Python 实现代码

```
1  from sklearn import datasets
2  from sklearn.model_selection import train_test_split
3  from sklearn.metrics import r2_score
4  from sklearn.metrics import accuracy_score
5  import numpy as np
6  from tensorflow.keras.models import Sequential
7  from tensorflow.keras.layers import Dense, Activation
8  from tensorflow.keras import optimizers
9  from tensorflow.keras import regularizers
10
11 def threshold(x, d):                                    #硬阈值函数
12     return [1 if xi>d else 0 for xi in x]
13
14 def fit(x,y,LearningRate,epoches,w,b):                  #训练函数
15     for step in range(epoches):
16         for i in range(x.shape[0]):
17             h= threshold(np.dot(w,x[i])+b,0)
18             w=w+LearningRate*(y[i]-h)*x[i]              #感知机规则
19             b=b+LearningRate*(y[i]-h)
20     return w,b
21
22 def predict(x):                                         #分类函数
23     return threshold(np.dot(x,w)+b, 0)
24
25 breast_cancer = datasets.load_breast_cancer()
26 x_train, x_test, y_train, y_test = train_test_split(
27     breast_cancer.data,
28     breast_cancer.target,
```

```
29      test_size=0.3,
30      random_state=420)
31  w=np.random.random(x_train.shape[1])              #w、b 随机初始化
32  b=np.random.random(1)
33
34  w,b=fit(x_train,y_train,0.001,2000,w,b)           #训练 w、b
35  pred_train=predict(x_train)
36  pred_test=predict(x_test)
37  print(accuracy_score(y_train,pred_train))
38  print(accuracy_score(y_test,pred_test))
39
40  #以上是硬阈值线性分类，以下是 logistic 线性分类
41  model = Sequential()
42  model.add(Dense(input_dim=x_train.shape[1],
43              units=1,
44              activation='sigmoid',
45              kernel_regularizer=regularizers.l1(0.2)))
46
47  op= optimizers.RMSprop(learning_rate=0.0001)
48  model.compile(loss='mse', optimizer=op)
49
50  for epoch in range(20000):
51      cost = model.train_on_batch(x_train, y_train)
52      if epoch % 1000 == 0:
53          print("epoch %d , cost: %f" % (epoch, cost))
54
55  w, b = model.layers[0].get_weights()
56  print('Weights=', w, '\nbiases=', b)
57
58  pred_train=threshold(model.predict(x_train),0.5)
59  pred_test=threshold(model.predict(x_test),0.5)
60  print(accuracy_score(y_train,pred_train))
61  print(accuracy_score(y_test,pred_test))
```

22.12　非参数学习方法 KNN：病情诊断与预测 Python 实现代码

```
1  from sklearn import datasets
```

```
2  from sklearn.model_selection import train_test_split
3  from sklearn.neighbors import KDTree
4  from sklearn.neighbors import KNeighborsClassifier
5  from sklearn.neighbors import KNeighborsRegressor
6  from sklearn.metrics import r2_score
7  from sklearn.metrics import accuracy_score,confusion_matrix
8  import numpy as np
9  from collections import Counter
10
11 breast_cancer = datasets.load_breast_cancer()
12 x_train, x_test, y_train, y_test = train_test_split(
13     breast_cancer.data, breast_cancer.target, test_size=0.3,
14     random_state=420)
15
16 knn_c = KNeighborsClassifier(n_neighbors=5)
17 knn_c.fit(x_train,y_train)
18 pred = knn_c.predict(x_test)
19 print(accuracy_score(y_test,pred))
20
21 def vot(y):
22     c=Counter(y)
23     return max(c, key=c.get)
24 tree = KDTree(x_train)
25 dist, ind = tree.query(x_test, k=5)
26 pred=[vot(y_train[v]) for v in ind]
27 print(accuracy_score(y_test,pred))
28
29 diabetes = datasets.load_diabetes()
30 x_train, x_test, y_train, y_test = train_test_split(
31     diabetes.data, diabetes.target, test_size=0.3,
32     random_state=420)
33
34 k = 10
35 knn_r = KNeighborsRegressor(k)
36 knn_r.fit(x_train,y_train)
37 pred=knn_r.predict(x_test)
38 print(r2_score(y_test, pred))
39
40 tree = KDTree(x_train)
```

```
41 dist, ind = tree.query(x_test, k=10)
42 pred=[np.mean(y_train[v]) for v in ind]
43 print(r2_score(y_test,pred))
```

22.13　支持向量机：乳腺癌诊断 Python 实现代码

```
1  from sklearn import datasets
2  from sklearn.model_selection import train_test_split
3  from sklearn.metrics import r2_score
4  from sklearn.metrics import accuracy_score,confusion_matrix
5  import numpy as np
6  from tensorflow.keras.models import Sequential
7  from tensorflow.keras.layers import Dense, Activation
8  from tensorflow.keras import optimizers
9  from tensorflow.keras import regularizers
10 from tensorflow.keras import backend as K
11
12 def threshold(x,d):
13     return [1 if xi>d else 0 for xi in x]
14
15 def Loss(y_true, y_pred):
16     y_true = 2.0 * float(y_true) - 1.0
17     v=K.maximum(1.0-y_true*y_pred, 0.0)
18     v=K.sum(v,1,keepdims=False)
19     v=K.mean(v, axis=-1)
20     return 10.0*v
21
22 breast_cancer = datasets.load_breast_cancer()
23 x_train, x_test, y_train, y_test = train_test_split(
24     breast_cancer.data, breast_cancer.target, test_size=0.3,
25     random_state=420)
26
27 model = Sequential()
28 model.add(Dense(input_dim=x_train.shape[1],
29             units=1,
30             activation='linear',
31             kernel_regularizer=regularizers.l2(0.5)))
32 op= optimizers.RMSprop(learning_rate=0.0001)
33 model.compile(loss=Loss, optimizer=op)
```

```
34
35  for epoch in range(10000):
36      cost = model.train_on_batch(x_train, y_train)
37      if epoch % 100 == 0:
38          print("epoch %d , cost: %f" % (epoch, cost))
39
40  pred_train=threshold(model.predict(x_train),0)
41  pred_test=threshold(model.predict(x_test),0)
42  print(accuracy_score(y_train,pred_train))
43  print(accuracy_score(y_test,pred_test))
```

22.14 Adaboost 集成学习: 红酒分类 Python 实现代码

```
1   import numpy as np
2   from sklearn.tree import DecisionTreeClassifier
3   from sklearn.datasets import load_wine
4   from sklearn.model_selection import train_test_split
5   from sklearn.metrics import accuracy_score
6
7   def weighted_vot(y,w):
8       cnt={}
9       for i in range(y.shape[0]):
10          if y[i] in cnt:
11              cnt[y[i]]+=w[i]
12          else:
13              cnt[y[i]]=w[i]
14      return max(cnt, key=cnt.get)
15
16  def Adaboost_pred(models,X,z):
17      N= X.shape[0]
18      pred=np.zeros(N)
19      y=np.array([model.predict(X) for model in models])
20      for i in range( N):
21          yi=y[:,i]
22          pred[i]=weighted_vot(yi,z)
23      return pred
24
25  def Adaboost_train(models,X,Y):
26      N=X.shape[0]        #样例数目
```

```
27    w=np.ones(N)/N        #权重初始化
28    K=len(models)          #弱模型数目
29    z=np.ones(K)           #模型权重
30    for k in range(K):
31        models[k].fit(X, Y, sample_weight=w)
32        v1=np.array(models[k].predict(X) == Y).astype(int)
33        error= np.dot(w, 1-v1)
34        w=w*v1*error/(1-error)+w*(1-v1)
35        w=w/np.sum(w)
36        z[k]=np.log((1-error)/error)
37    return models,z
38
39 wine= load_wine()
40 Xtrain,Xtest,Ytrain,Ytest=train_test_split(wine.data,
41                                            wine.target,
42                                            test_size=0.3,
43                                            random_state=420)
44 K=5
45 models=[]
46 for k in range(K):
47    models.append(DecisionTreeClassifier(criterion="entropy",
48                                         splitter="best",
49                                         min_samples_split=4,
50                                         max_depth=1,
51                                         random_state=420))
52 modles,z= Adaboost_train(models,Xtrain,Ytrain)
53 pred=Adaboost_pred(models,Xtest,z)
54 print(accuracy_score(Ytest,pred))
```

22.15　聚类：K-means 算法划分鸢尾花类别 Python 实现代码

```
1 from sklearn import datasets
2 import matplotlib.pyplot as plt
3 import numpy as np
4
5 # 获取数据集并进行探索
6 iris = datasets.load_iris()
7 irisFeatures = iris["data"]
8 irisFeaturesName = iris["feature_names"]
```

```
 9  irisLabels = iris["target"]
10
11
12  def norm2(x):
13      #求 2 范数的平方值
14      return np.sum(x*x)
15
16  class KMeans(object):
17      def __init__(self, k: int, n: int):
18      #k: 聚类的数目; n: 数据维度
19          self.K = k
20          self.N = n
21          self.u = np.zeros((k,n))
22          self.C=[[] for i in range(k)]
23          #u[i]: 第 i 个聚类中心, C[i]: 第 i 个类别所包含的点
24
25      def fit(self, data: np.ndarray):
26      #data: 每一行是一个样本
27          self.select_u0(data)
28          #聚类中心初始化
29          J=0
30          oldJ=100
31          while abs(J-oldJ) >0.001:
32              oldJ=J
33              J=0
34              self.C=[[] for i in range(self.K)]
35              for i in range(len(data)):
36                  nor=[ norm2(self.u[k]-data[i]) \
37                          for k in range(self.K)]
38                  J += np.min(nor)
39                  self.C[np.argmin(nor)].append(i)
40              for k in range(self.K):
41                  x=[data[i] for i in self.C[k]]
42                  self.u[k]=np.mean(np.array(x),axis=0)
43
44      def select_u0(self, data: np.ndarray):
45          for j in range(self.N):
46
47              #得到该列数据的最小值, 最大值
```

```
48          minJ = np.min(data[:, j])
49          maxJ = np.max(data[:, j])
50
51          rangeJ = float(maxJ - minJ)
52          #聚类中心的第 j 维数据值随机位于（最小值，最大值）内
53          self.u[:,j]=minJ +rangeJ * np.array([0.5,0.4,0.6])
54
55
56 model = KMeans(3,4)
57 #k=3, n=4
58 model.fit(irisFeatures)
59
60 x=np.array([irisFeatures[i] for i in model.C[0]])
61 plt.scatter(x[:,0], x[:,1], c = "red", marker='o', label='cluster1')
62 x=np.array([irisFeatures[i] for i in model.C[1]])
63 plt.scatter(x[:,0], x[:,1], c = "green", marker='*', label='cluster2')
64 x=np.array([irisFeatures[i] for i in model.C[2]])
65 plt.scatter(x[:,0], x[:,1], c = "blue", marker='+', label='cluster3')
66 u=np.array(model.u)
67 plt.scatter(u[:,0], u[:,1], c = "black", marker='X', label='center')
68 plt.xlabel('petal length')
69 plt.ylabel('petal width')
70 plt.legend(loc=2)
71 plt.show()
72
73 Lables=np.zeros(len(irisLabels))
74 error=[0]*6
75 i=0
76 for z in [[0,1,2],[0,2,1],[1,0,2],[1,2,0],[2,0,1],[2,1,0]]:
77     Lables[model.C[0]]=z[0]
78     Lables[model.C[1]]=z[1]
79     Lables[model.C[2]]=z[2]
80     error[i]=len(np.nonzero(Lables-irisLabels)[0])
81     i=i+1
82 print(min(error))
```

22.16 聚类：EM 算法估计混合高斯分布 Python 实现代码

```
1 import random
```

```python
import matplotlib.pyplot as plt
import numpy as np
from scipy import stats

class GMM(object):
    def __init__(self, k: int, d: int):
    #k: 高斯分布的数目; d: 样本属性的维度
        self.K = k
        self.w = np.random.rand(k)          # 每个分布的权重
        self.w = self.w / self.w.sum()

        self.means = np.random.rand(k, d) # 每个分布的均值

        self.covs = np.empty((k, d, d))     # 每个分布的协方差
        for j in range(k):                          # 初始化必须是半正定
            self.covs[j] = np.eye(d) * np.random.rand(1) * k

        self.covs_d = np.empty((k, d, d))   # 小常数矩阵备用
        for j in range(k):
            self.covs_d[j] = np.eye(d) * 0.0001

    def fit(self, data: np.ndarray):
    #data: 每一行是一个样本, shape = (N, d)
        for count in range(2000):
            # E 步, 计算 γij
            density = np.empty((len(data), self.K))
            for j in range(self.K):
                norm = stats.multivariate_normal(
                    self.means[j], self.covs[j])
                density[:,j] = norm.pdf(data)
            gamma = self.w*density
            gamma = gamma / gamma.sum(axis=1, keepdims=True)

            # M 步, 计算下一时刻的参数值
            n = gamma.sum(axis=0)
            self.w = n / len(data)
            self.means = np.tensordot(
                gamma,data,axes=[0,0])/n.reshape(-1,1)
```

```
41            for j in range(self.K):
42                e = data - self.means [j]
43                self.covs[j]=np.dot(e.T*gamma[:,j],e)/n[j]
44            self.covs = self.covs+self.covs_d        # 避免数值异常
45
46  if __name__ == '__main__':
47      n=100
48      pz = np.array([0.3, 0.6, 0.1])
49      means = np.array([
50          [2.5,8],
51          [8,2.5],
52          [10,10]])
53      covs = np.array([
54          [[2,1],[1,2]],
55          [[3,2],[2,3]],
56          [[2,1.5],[1.5,2]]])
57      data=[]
58      for i in range(n):
59          z=np.random.choice(3,p=pz)
60          s=np.random.multivariate_normal(means[z], covs[z], size=1)
61          data.append(s[0])
62
63      data=np.array(data)
64
65      print(data.shape)
66      gmm = G M M(3,2)
67      gmm.fit(data)
68      print(gmm.w)
69      print(gmm.means)
70      print(gmm.covs)
71
72      plt.style.use("fivethirtyeight")
73      fig, ax = plt.subplots(figsize=(12, 7))
74      ax.plot(data[:,0], data[:,1], "o")
75
76      x = np.linspace(-3, 15, 100)
77      y = np.linspace(-10, 20, 100)
78      X, Y = np.meshgrid(x, y)
79      X1=np.reshape(X,-1)
```

```
80   Y1=np.reshape(Y,-1)
81   D=[[X1[i],Y1[i]] for i in range(len(X1))]
82   density = np.empty((len(D), gmm.K))
83
84   for j in range(gmm.K):
85       norm = stats.multivariate_normal(means[j], covs[j])
86       density[:,j] = norm.pdf(D)
87   k=density[:,0].reshape(X.shape)+density[:,1].reshape(X.shape)+density
     [:,2].reshape(X.shape)
88   plt.contour(X, Y, k,20, cmap='RdGy');
89   plt.show()
```

22.17 强化学习：机器人导航 Python 实现代码

```
1  import random
2  import copy
3  import matplotlib.pyplot as plt
4  import numpy as np
5  from MDP import Env
6
7  def normal(x):
8
9      minv=np.min(x)
10     v=min(0,minv)
11     x=[x[i]-v for i in range(len(x))]
12     s=sum(x)
13     y=copy.deepcopy(x)
14     for i in range (len(y)):
15         y[i]=y[i]/s
16     return y
17
18 class TD():
19     def __init__(self,E):
20         self.E=E
21         self.Alpha=0.5
22         self.Pi=[3,2,2,2,3,3,0,0,0,0,0]
23         self.U=[0,0,0,0,0,0,-1,0,0,0,1]
24
25     def train(self):
```

```
26          x=np.random.choice([0,1,2,3,4,5,7,8,9])
27          while x not in self.E.EndStates:
28              a=self.Pi[x]
29              _x = self.E.action(x,a)
30              r=self.E.R[x]
31              self.U[x]=self.U[x]+self.Alpha*(
32                  r+self.E.Gamma*self.U[_x]-self.U[x])
33              x=_x
34
35  class F_TD():
36      def __init__(self,E):
37          self.w=np.array([0.5,0.5,0.5])
38          self.E=E
39          self.Alpha=0.001
40          self.Pi=[3,2,2,2,3,3,0,0,0,0,0]
41
42      def U(self,x):
43          if x==10:
44              return 1
45          if x==6:
46              return -1
47          (row,col)=self.E.X2RowCol[x]
48          return np.dot( np.array([1,row,col]), self.w)
49
50      def dU(self,x):
51          (row,col)=self.E.X2RowCol[x]
52          return np.array([1,row,col])
53
54      def train(self):
55          x0=np.random.choice([0,1,2,3,4,5,7,8,9])
56          a0=self.Pi[x0]
57
58          Rsum=self.E.R[x0]
59          x=x0
60          a=a0
61          gamma=self.E.Gamma
62          while x not in self.E.EndStates:
63              x=self.E.action(x,a)
64              Rsum += gamma*self.E.R[x]
```

```
65          a=self.Pi[x]
66          gamma *= self.E.Gamma
67
68      self.w= self.w + self.Alpha*(
69          Rsum-self.U(x0))*self.dU(x0)
70
71  class Q_Learning():
72      def __init__(self, E):
73          self.E=E
74          self.Alpha=0.5
75          self.Q=np.ones((11,4))/4
76          self.Q[10,:]=1
77          self.Q[6,:]=-1
78
79      def train(self):
80          x=np.random.choice([0,1,2,3,4,5,7,8,9])
81          while x not in self.E.EndStates:
82              P=normal(self.Q[x])
83              a=np.random.choice(4,p=P)
84              _x = self.E.action(x,a)
85              r=self.E.R[x]
86              self.Q[x,a]=self.Q[x,a]+self.Alpha*(
87                  r+self.E.Gamma*np.max(self.Q[_x])\
88                  -self.Q[x,a])
89              x=_x
90
91  if __name__ == '__main__':
92      MyEnv=Env("Robot")
93
94      MyTD=TD(MyEnv)
95      for i in range(10000):
96          MyTD.train()
97      print(MyTD.U)
98
99      MyQlearning=Q_Learning(MyEnv)
100     for i in range(10000):
101         MyQlearning.train()
102     print([np.argmax(MyQlearning.Q[i]) \
103         for i in range(MyEnv.N)])
```

```
104    print([np.max(MyQlearning.Q[i]) \
105        for i in range(MyEnv.N)])
106
107    MyFTD=F_TD(MyEnv)
108    for i in range(50000):
109        MyFTD.train()
110    print(MyFTD.w)
111    U=[MyFTD.U(i) for i in range(11)]
112    print(U)
```

22.18 强化学习：策略梯度法 Python 实现代码

```
1    # -*- coding: cp936 -*-
2    from tensorflow.keras.layers import Input, Dense, Activation
3    from tensorflow.keras.models import Sequential, Model
4    from tensorflow.keras.optimizers import RMSprop
5    import tensorflow.keras.backend as K
6    import numpy as np
7    from MDP import Env
8
9    class PolicyGrad():
10       def __init__(self,E):
11           self.E=E
12           optimizer = RMSprop(lr=0.001)
13           self.model = self.build()
14           self.model.compile(loss=self._loss, optimizer=optimizer)
15
16       #定义损失函数
17       def _loss(self, S, P):
18           '''
19           P 是网络输出，为概率向量；
20           S 是回报，表示如 (0,0,S,0) 的向量形式，S 所在的位置对应着行动 a；
21           故 S 点乘 log(P) 能得到 log p_w(a|x)S(a)
22           '''
23           return K.mean(K.batch_dot(-S,K.log(P)))
24
25       #构建神经网络
26       def build(self):
27           In= Input(shape=(2,))
```

```
28        Hidden = Dense(10,activation='relu')(In)
29        Out = Dense(4, activation='softmax')(Hidden)
30        model = Model(inputs=In,outputs=Out)
31        return model
32
33    #生成一批数据进行训练
34    def train(self):
35        X,A,S=self.sample()
36        X=np.array(X,dtype="int16")         #状态
37        A=np.array(A,dtype="int16")         #行为
38        S=np.array(S)                       #回报
39
40        X=np.array([self.E.X2RowCol[x] for x in X])
41        #通过行动 one-hot 化，将回报向量化
42        A=np.eye(4)[A]
43        S=np.array( [A[i]*S[i] for i in range(len(A))])
44
45        loss = self.model.train_on_batch(X, S)
46
47    #生成一条样本路径数据
48    def sample(self):
49        x0=np.random.choice([0,1,2,3,4,5,7,8,9])
50        P=self.model.predict([MyEnv.X2RowCol[x0]])
51        a0=np.random.choice([0,1,2,3],p=P[0])
52
53        S=[self.E.R[x0]]
54        X=[x0]
55        A=[a0]
56
57        x=x0
58        a=a0
59        while x not in self.E.EndStates:
60            x=self.E.action(x,a)
61            P=self.model.predict([MyEnv.X2RowCol[x]])
62            a=np.random.choice([0,1,2,3],p=P[0])
63            X.append(x)
64            S.append(self.E.R[x])
65            A.append(a)
66
```

```
67      #下面计算每个状态作为起始状态时的报酬和
68      for i in range(len(X)-2,-1,-1):
69          S[i] += self.E.Gamma*S[i+1]
70      return X, A, S
71
72  if __name__ == '__main__':
73      MyEnv=Env("AI")
74      PG = PolicyGrad(MyEnv)
75      for i in range(10):
76          PG.train()
77          print("iter=",i)
78          print(np.argmax(PG.model.predict(
79              [MyEnv.X2RowCol[x] for x in MyEnv.X]),axis = 1))
80
81      print(PG.model.predict(
82          [MyEnv.X2RowCol[x] for x in MyEnv.X]))
83      print(np.argmax(PG.model.predict(
84          [MyEnv.X2RowCol[x] for x in MyEnv.X]),axis = 1))
```

22.19 卷积神经网络：手写体数字识别 Python 实现代码

```
1   from tensorflow.keras.datasets import mnist
2   from tensorflow.keras.utils import to_categorical
3   from tensorflow.keras.layers import Dense,Dropout,Flatten,Conv2D,
        MaxPooling2D
4   from tensorflow.keras.models import Sequential, Model
5   from tensorflow.keras.optimizers import RMSprop
6   import numpy as np
7   import matplotlib.pyplot as plt
8
9   def show_train_history(item,valid):
10      plt.plot(train_history.history[item])
11      plt.plot(train_history.history[valid])
12      plt.title('Train History')
13      plt.ylabel(item)
14      plt.xlabel('Epoch')
15      plt.legend(['train', 'valid'], loc='best')
16      plt.show()
17
```

```
18  #构建神经网络
19  model = Sequential()
20  model.add(Conv2D(filters=16,  #2 维卷积层，16 个卷积核
21          kernel_size=(5,5),   #卷积核的尺寸
22          padding='same',
23          input_shape=(28,28,1),
24          activation='relu'))
25  model.add(MaxPooling2D(pool_size=(2, 2)))
26  model.add(Conv2D(filters=36,
27          kernel_size=(5,5),
28          padding='same',
29          activation='relu'))
30  model.add(MaxPooling2D(pool_size=(2, 2)))
31  model.add(Dropout(0.25))
32  model.add(Flatten())           #展开成一维向量
33  model.add(Dense(128, activation='relu'))
34  model.add(Dropout(0.5))
35  model.add(Dense(10,activation='softmax'))
36
37  (x_Train,y_Train),(x_Test,y_Test)=mnist.load_data()
38  x_Train=x_Train.reshape(
39      x_Train.shape[0],28,28,1).astype('float32')/256
40  x_Test=x_Test.reshape(
41      x_Test.shape[0],28,28,1).astype('float32')/256
42  y_Train= to_categorical(y_Train)
43  y_Test = to_categorical(y_Test)
44
45  model.compile(loss='categorical_crossentropy',
46              optimizer=RMSprop(lr=0.001),
47              metrics=['accuracy'])
48  train_history=model.fit(x=x_Train,
49                  y=y_Train,
50                  validation_split=0.2,
51                  epochs=15,
52                  batch_size=300,
53                  verbose=2)
54  scores = model.evaluate(x_Test,y_Test,batch_size=512)
55  print(scores)
56
```

```
57  def show_train_history(train,valid):
58      plt.plot(train_history.history[train])
59      plt.plot(train_history.history[valid])
60      plt.title('Train History')
61      plt.ylabel(train)
62      plt.xlabel('Epoch')
63      plt.legend(['train', 'valid'], loc='upper left')
64      plt.show()
65  show_train_history('accuracy','val_accuracy')
66  show_train_history('loss','val_loss')
```

22.20　循环神经网络：电影评论情感分析 Python 实现代码

```
1   from tensorflow.keras.datasets import imdb
2   from tensorflow.keras.utils import to_categorical
3   from tensorflow.keras.layers import Dense,Embedding,LSTM
4   from tensorflow.keras.models import Sequential, Model
5   from tensorflow.keras.preprocessing.sequence import pad_sequences
6   from tensorflow.keras.optimizers import RMSprop
7   from tensorflow.keras import regularizers
8   import numpy as np
9   import matplotlib.pyplot as plt
10
11  def show_train_history(item,valid):
12      plt.plot(train_history.history[item])
13      plt.plot(train_history.history[valid])
14      plt.title('Train History')
15      plt.ylabel(item)
16      plt.xlabel('Epoch')
17      plt.legend(['train', 'valid'], loc='best')
18      plt.show()
19
20  #加载数据
21  max_word=10000
22  (x_Train,y_Train),(x_Test,y_Test)=imdb.load_data(num_words=max_word)
23  maxlen=500
24  #把每段文本长度处理为 500 个单词
25  x_Train=pad_sequences(x_Train,maxlen=maxlen)
26  x_Test=pad_sequences(x_Test,maxlen=maxlen)
```

```
27
28  #构建神经网络
29  model = Sequential()
30  #每个单词转化成 64 维向量
31  model.add(Embedding(max_word,64))
32  model.add(LSTM(units=32))
33  model.add(Dense(1,activation="sigmoid"))
34
35  model.compile(loss='binary_crossentropy',
36              optimizer=RMSprop(lr=0.001),
37              metrics=['accuracy'])
38
39  train_history=model.fit(x_Train,
40                  y_Train,
41                  validation_split=0.2,
42                  epochs=20,
43                  batch_size=32,
44                  verbose=2)
45  scores = model.evaluate(x_Test,y_Test,batch_size=1024)
46  print(scores)
47
48  show_train_history('accuracy','val_accuracy')
49  show_train_history('loss','val_loss')
```

22.21　生成模型：VAE 生成手写体数字 Python 实现代码

```
1   #基于 Keras 官方示例代码
2   import numpy as np
3   import matplotlib.pyplot as plt
4   from scipy.stats import norm
5
6   from keras.layers import Input, Dense, Lambda
7   from keras.models import Model
8   from keras import backend as K
9   from keras.datasets import mnist
10
11  batch_size = 1000
12  original_dim = 784          # 28×28
13  latent_dim = 2              #隐变量 z 取二维
```

```python
14  intermediate_dim = 256
15  epochs = 2
16
17  #加载 MNIST 数据集
18  (x_train, y_train_), (x_test, y_test_) = mnist.load_data()
19  x_train = x_train.astype('float32') / 255.
20  x_test = x_test.astype('float32') / 255.
21  x_train = x_train.reshape(
22      (len(x_train), np.prod(x_train.shape[1:])))
23  x_test = x_test.reshape(
24      (len(x_test), np.prod(x_test.shape[1:])))
25
26
27  x = Input(shape=(original_dim,))
28  h = Dense(intermediate_dim, activation='relu')(x)
29  z_mean = Dense(latent_dim)(h)           #计算 z 的均值
30  z_log_var = Dense(latent_dim)(h)        #计算 z 的 log 方差
31
32  #重参数技巧
33  def sampling(args):
34      z_mean, z_log_var = args
35      epsilon = K.random_normal(shape=K.shape(z_mean))
36      return z_mean + K.exp(z_log_var / 2) * epsilon
37
38  #重参数层，采样得到 z
39  z = Lambda(sampling, output_shape=(latent_dim,)) \
40      ([z_mean, z_log_var])
41
42  #解码部分，也就是生成器
43  decoder_h = Dense(intermediate_dim, activation='relu')
44  decoder_mean = Dense(original_dim, activation='sigmoid')
45  h_decoded = decoder_h(z)
46  x_decoded_mean = decoder_mean(h_decoded)
47
48  #建立模型
49  vae = Model(x, x_decoded_mean)
50
51  kl_loss = - 0.5 * K.sum(        #ELBO 第一部分
52      1 + z_log_var - K.square(z_mean) - K.exp(z_log_var),
```

```
53        axis=-1)
54 xent_loss = K.sum(              #ELBO 第二部分
55       K.binary_crossentropy(x, x_decoded_mean), axis=-1)
56 vae_loss = K.mean(xent_loss + kl_loss)
57
58 vae.add_loss(vae_loss)
59 vae.compile(optimizer='rmsprop')
60 vae.summary()
61
62 vae.fit(x_train,
63        shuffle=True,
64        epochs=epochs,
65        batch_size=batch_size)
66
67 #构建 encoder，然后观察测试集的数字在隐空间的分布
68 encoder = Model(x, z_mean)
69 x_test_encoded = encoder.predict(x_test, batch_size=batch_size)
70 plt.figure(figsize=(6, 6))
71 plt.scatter(x_test_encoded[:, 0],
72            x_test_encoded[:, 1],
73            c=y_test_)
74 plt.colorbar()
75 plt.show()
76
77 #构建生成器
78 decoder_input = Input(shape=(latent_dim,))
79 _h_decoded = decoder_h(decoder_input)
80 _x_decoded_mean = decoder_mean(_h_decoded)
81 generator = Model(decoder_input, _x_decoded_mean)
82 n = 15
83 digit_size = 28
84 figure = np.zeros((digit_size * n, digit_size * n))
85
86 #用正态分布的分位数来构建隐变量对
87 grid_x = norm.ppf(np.linspace(0.05, 0.95, n))
88 grid_y = norm.ppf(np.linspace(0.05, 0.95, n))
89
90 for i, yi in enumerate(grid_x):
91     for j, xi in enumerate(grid_y):
```

```
92        z_sample = np.array([[xi, yi]])
93        x_decoded = generator.predict(z_sample)
94        digit = x_decoded[0].reshape(digit_size, digit_size)
95        figure[i * digit_size: (i + 1) * digit_size,
96            j * digit_size: (j + 1) * digit_size] = digit
97
98 plt.figure(figsize=(10, 10))
99 plt.imshow(figure, cmap='Greys_r')
100 plt.show()
```

参 考 文 献

[1] RUSSELL S J, NORVIG P. 人工智能: 一种现代方法 [M]. 3 版. 北京: 清华大学出版社, 2011.

[2] Artificial Intelligence: A Modern Approach. (2022-08-22)[2022-09-09]. http://aima.cs.berkeley.edu/.

[3] 周志华. 机器学习 [M]. 北京: 清华大学出版社, 2016.

[4] 李航. 统计学习方法 [M]. 2 版. 北京: 清华大学出版社, 2019.

[5] GOODFELLOW I, BENGIO Y, COURVILLE A. Deep learning [M]. Cambridge, MA: MIT Press, 2016.

[6] MOOLAYIL J. Keras 深度神经网络 [M]. 北京: 清华大学出版社, 2020.